高速公路标准化施工技术指南

Technical Manual for Construction of Expressway Standardization

连续刚构桥梁和隧道

陕西省交通建设集团公司　主编

人民交通出版社
China Communications Press

图书在版编目(CIP)数据

高速公路标准化施工技术指南. 4, 连续刚构桥梁和隧道 / 陕西省交通建设集团公司主编. —北京：人民交通出版社, 2011.3

ISBN 978-7-114-08891-9

Ⅰ. ①高… Ⅱ. ①陕… Ⅲ. ①高速公路 - 刚构桥 - 工程施工 - 施工技术 - 指南②高速公路 - 公路隧道 - 工程施工 - 施工技术 - 指南 Ⅳ. ①U415.6-62

中国版本图书馆 CIP 数据核字(2011)第 022384 号

高速公路标准化施工技术指南

书　　名：**连续刚构桥梁和隧道**

著 作 者：陕西省交通建设集团公司

责任编辑：李　农

出版发行：人民交通出版社

地　　址：(100011)北京市朝阳区安定门外外馆斜街 3 号

网　　址：http://www.ccpress.com.cn

销售电话：(010)59757969,59757973

总 经 销：人民交通出版社发行部

经　　销：各地新华书店

印　　刷：北京市密东印刷有限公司

开　　本：880×1230　1/16

印　　张：8.5

字　　数：175 千

版　　次：2011 年 3 月　第 1 版

印　　次：2011 年 3 月　第 1 次印刷

书　　号：ISBN 978-7-114-08891-9

总 定 价：168.00 元

本书编审委员会名单

编写委员会

审查委员会

序

地处内陆腹地的陕西，曾是中国几千年的政治、经济、文化和交通中心，积淀着悠久灿烂的交通文明，秦直道、丝绸之路等都在中国历史上留下了浓墨重彩。陕西也是国内较早建设高速公路的省份之一，1986 年西安至临潼高速公路的开工建设，标志着西部地区高速公路建设扬帆启程。经过 20 余年的艰苦奋斗，2007 年陕西高速公路通车里程在西部率先突破 2000km，2010 年又率先突破 3000km，总里程达到 3400km，内联外接、四通八达，承载着现代文明的高速公路骨架网络基本形成。

陕西省交通建设集团公司作为陕西高速公路建设的主力军之一，自 2006 年组建之始就肩负起发展陕西现代交通的时代伟业。四年多来，我们在省委、省政府的亲切关怀下，在陕西省交通运输厅的正确领导下，坚持以科学发展观为统领，励精图治，奋发有为，强势推进高速公路建设。累计完成高速公路建设投资 838 亿元，建设高速公路 1171km，占全省新增高速公路里程 2100km 的 55.7%。先后建成了一大批技术先进、管理科学、生态环保、安全畅捷的高速公路项目，其中规模世界第一的秦岭终南山公路隧道、长度全国第三的包家山公路隧道，以及西北地区建设标准最高、配套设施最完善、智能化水平最高的西安咸阳机场专用高速公路等，受到了社会各界及国内外同行的广泛赞誉，为全国高速公路建设树立了典范。秦岭终南山公路隧道建设与运营管理关键技术研究荣获国家科技进步一等奖。这些标志性工程的建成，为陕西高速公路跨越式发展书写了精彩之笔，为陕西经济社会全面快速发展做出了重要贡献。

伴随着高速公路在三秦大地上的快速延伸，陕西高速公路建设管理水平和施工技术也取得了长足进步。四年多来，我们以高度负责的精神狠抓工程管理，大力推行标准化施工，积极探索新技术、新工艺、新规范，加强施工过程控制，重点治理质量通病，确保了每一条高速公路又好又快地建成。实践表明，没有规矩不成方圆。只有通过统一的技术标准、管理标准和检验标准，打造统一、规范、有序的施工标准体系，才能真正实现对质量、工期、投资、安全的有效控制，建设质优价廉的精品工程。为此，我们在严格执行现行公路施工相关标准规范的基础上，遵循现代工程管理的规律和要求，深入探索总结实践经验，制定了一系列科学合理、行之有效的公路施工技术标准和规范。2010年，利用半年时间又对这些标准、规范进行了重新梳理归纳，参考国内外先进做法，组织力量，精心编写完成了陕西省交通建设集团公司《高速公路标准化施工技术（管理）指南》。这套标准化施工技术（管理）指南共8册，涵盖了特殊路基、路面、连续刚构桥梁和隧道、安全生产和文明工地、标准化管理制度、工程勘察设计招标文件（项目专用本）、施工招标资格预审文件、施工招标文件（项目专用本）8个方面，是一部全面、真实、系统、科学反映公路施工过程相关技术要求的制度汇编，对于进一步规范工程管理、明确技术规程、强化过程控制、解决质量通病，以及全面提升公路施工标准化、制度化、规范化水平，具有极为重要的指导意义。

在面向“十二五”的新起点上，交通运输部提出公路建设要实现“发展理念人本化、项目管理专业化、工程施工标准化、管理手段信息化、日常管理精细化”的总体要求。根据陕西省交通运输厅的规划，未来一个时期，陕西交通将紧紧围绕“发展现代交通，奉献一流服务”的行业使命，全力实施“2637”高速公路网规划，到2012年高速公路通车里程将突破4000km，2015年突破5000km。面对这一艰巨而光荣的历史重任，陕西省交通建设集团公司将继续担当新使命，迎接新挑战，大力推行标准化、规范化、精细化建设管理，将现代工程管理的理念、方式和手段贯穿于项目全过程，不断强化工程质量、工程监理、安全生产、文明施工等各类要素管理，努力实现“管理行为标准化、工地建设标准化、施工工艺标准化、过程控制标准化、建设成果标准化”，确保高速公路建设工程质量优良品率达到100%，打造出更多处于全国领先水平的典型示范工程，为陕西公路交通事业跨越式发展再添光彩、再铸辉煌！

陕西省交通建设集团公司董事长　杨育生

2011年2月

目　　录

第一篇　连续刚构桥梁

第二篇　隧　　道

第一篇　连续刚构桥梁

1　总则

1.0.1　连续刚构桥是高速公路跨越大沟壑、大障碍的主要桥梁形式，其结构多由群桩基础、薄壁空心墩和悬浇连续刚构组成，是项目建设质量和进度控制的重点。为了保证其质量和进度，制定本指南。

1.0.2　本指南依据《公路桥涵施工技术规范》（JTJ 041—2000）规定，提出重点施工技术和主要组织措施中的一些原则性指导意见。施工单位应根据本指南及工程情况制定合理的施工方案并采取适当的组织措施。设计和监理单位应根据本指南分别做好设计服务和质量监督工作。

1.0.3　连续刚构桥悬浇施工应严格遵守对称平衡施工和冬季不宜施工的原则。根据总工期要求，应配置足够的劳力、机械、材料等，采用合理的工法，在合适的时间段内组织施工。

1.0.4　连续刚构桥的施工技术人员、监理工程师、监控人员、主要管理人员和主要工人（主要是混凝土、预应力、模板等工种）至少应有一座连续刚构桥的施工经历，经现场考核持证上岗。主要设计人员应常驻施工现场，加强施工方案的确定和现场技术的指导。

1.0.5　连续刚构桥施工应积极使用新材料，运用新技术，采用新工艺，进一步提高工程质量，加快施工进度。

2　基本作业

2.1　材料存放

2.1.1　原材料和半成品料的存放、加工、保管场所应采取合理的措施，保证材料不污染、不损伤、不锈蚀。材料存放场地如图 2-1 所示。

2.1.2　钢筋或钢质材料存放、加工场地应按规定的标准进行硬化、支垫和覆盖。钢筋存放入库，应使用浆砌片石、砖或方木等材料筑成条状台座，在其上分规格和型号堆放，设置标签，注明规格、型号、数量及堆放日期。钢筋加工应设加工棚，半成品离地堆放或采用专用台座堆放，并摆码整齐，挂牌标识，覆盖防止生锈。

图 2-1　材料存放

2.1.3　袋装水泥必须在库房内存放。库房地面应按规定进行硬化，支垫离地宜 30cm 以上。铺设防潮油毡后存放水泥，每垛堆码应以 10 袋（层）为限。破袋水泥应按每袋质量重新装包，用于非主要结构部分。

2.1.4　使用散装水泥时，每座搅拌站应至少设置 3 个容量 100t 以上的散装水泥储存罐。

2.1.5　砂石料应分仓堆放。仓位地面应硬化，硬化厚度应保证不被装料机械压坏。仓位隔离墙应有一定抗侧压能力，严禁料仓相互串料。每个料仓应搭棚、设标识牌，注明材料名称、规格、产地、检测是否合格及检验日期。

2.2　模板、支架

2.2.1　连续刚构桥外露面根据其部位，宜分别采用整体钢模（浇筑结构外形，如悬浇段底、侧模）、大块钢模（大于 $1m^2$，如悬浇段内模）、整块钢模（段落结构，如箱梁外模）。预制构件底座应铺设钢板。内模可用钢模和木质模。现浇上部结构应优先使用钢管和碗扣式管件拼设的满堂式支架。应对模板的强度、刚度和稳定性进行验算，对支架和支架基础进行结构计算，确定合理的施工预拱度。

2.2.2 箱梁外模应以隔板分节，每节长度宜大于3m，在台座上连接。内模应用支架和模壳组成的刚性模板，按2～3m分节，先分节拼装，接长后整体起吊入模。T梁外模应以隔板分节，每节长度宜大于3m，在台座上拼装连接形成整体。高墩使用的爬升模板或翻板模板应按3.5～4m分节，高墩不宜使用滑模。挂篮模板应采用整块模板。

2.2.3 支架和拱架的地基或基础应用防水和增强的方法加固处理。支架和拱架应采用刚性杆件满堂拼装，安装完毕后，应按设计要求预压。支架卸落应按设计规定强度和程序进行。

2.3 混凝土与钢筋混凝土工程

2.3.1 钢筋电焊工应持证上岗，根据施工条件进行试焊，经检验合格后方可施焊。骨架钢筋应在放有大样并考虑焊接变形和预留拱度的坚固的工作模具上进行。

2.3.2 混凝土外加剂必须通过试验和检验判定是否合格。应使用有生产线的厂家的产品，不得使用复合厂家的产品。外加剂进场应附检验合格证明。外加剂带入混凝土的含碱量不得大于1.0kg/m^3。不得使用含氯盐的外加剂。

2.3.3 混凝土应有使用两种水泥的两种配合比。应使用商品混凝土或现场机械强制拌和的混凝土。拌和设备应集中设置，容量满足施工最高峰的需求，并具备准确的计量系统。混凝土采用搅拌运输车运输或混凝土泵输送，不得使用易造成混凝土离析的运输设备。

2.3.4 施工单位应有专门的混凝土振捣工，各种结构浇注混凝土前必须先模拟振捣，合格后才能从事实体混凝土的施振。具备插入条件的应优先采用插入式振捣器振实，钢筋密集、窄、深结构无法插入式振实处可用附着式振动器振实，薄层或表面用平板振动器振实。

2.3.5 混凝土浇注结束，应在终凝后尽快予以喷淋、覆盖和洒水养护。喷淋养生是在结构外侧挂设钻有流水孔的水管，给水后自动喷淋使结构外表面处于湿润状态的养生方法，适用于墩柱、梁体、刚构外侧面的养生。覆盖养生是用5cm海绵板和土工布覆盖在混凝土表面洒水保湿养生，适用于结构上表面和桥面的养生。洒水养生广泛用于上述专用养生方法以外的其他混凝土的养生。

2.3.6 混凝土养护应以保证混凝土强度正常增长、混凝土外表面不产生收缩裂缝为原则。为了准确掌握各个时间段混凝土的强度大小,应建立温度、小时养护监控系统,施工初期在模拟养护状态下试验并绘制保湿养护的“温度·小时”与强度增长的曲线,用“温度·小时”控制混凝土的养护龄期,使养生控制更科学、更准确。

2.4 预应力混凝土工程

2.4.1 预应力钢材、锚具、夹具和连接器,应符合国家标准和设计要求,有质量证明资料,进场前应进行试验,同等条件下应选择安全系数大的正规厂的产品,使用过程中应按照规定数量抽检。

2.4.2 悬浇连续刚构,应用金属波纹管预留预应力筋管道。管周应有足够的定位和防崩钢筋,保证孔位准确和张拉时结构的安全。

2.4.3 预应力筋的下料长度应根据施工方法和索孔的实测长度计算确定,用切断机或砂轮锯切断。同一束内各根预应力筋长度的相对误差是下料控制的重点,每根预应力筋两端都应对应编号,穿索后若发现有绞索现象应抽出重新穿索。

2.4.4 张拉机具在进场时和使用过程中应定期进行检查和校验。先张法应同时张拉一端全部预应力筋。后张法施加预应力应按照设计程序两端分批、分索、对称整束张拉。张拉前应清理预留孔内的杂物和留滞水。

2.4.5 预应力筋应采用应力控制、伸长值校核的方法张拉。采用《公路桥涵施工技术规范》(JTJ 041—2000)规定初应力值时,伸长值宜在允许范围内偏向上限或下限一侧,初张应力宜同位置、同状态经试张适当调整确定。

2.4.6 施加预应力时,混凝土强度可在试块强度的基础上按实体回弹强度确定,尽量做到在相同强度条件下张拉,达到悬浇混凝土每个块段徐变一致。

3　桩基础施工

3.0.1　灌注桩基础是公路桥梁采用的主要基础形式。成孔有钻、挖孔方式，成桩按水下混凝土组织施工。施工期间应制定安全生产、环境保护措施。泥浆不得污染河道，河道内填物应及时清理，保障河道汛期的排洪安全。

3.0.2　应根据桩位处的不同地层，选择不同的钻孔方法。若桩位处地质不易坍孔、地下水不丰富，可选择人工挖孔法成孔，但应有配套、可靠的通风供氧设备。若桩位处地质构造为粒径不大、质地均匀、硬度不大的地层和环保要求严格的地段，可优先选用旋挖钻机成孔。砂土、黏土地质时可用循环钻机成孔。若桩位处地质构造复杂，有漂石、孤石、大卵石、探头石时，宜用冲击锥成孔。若同一桩所处地质既有土层、又有石层时，可用循环钻和冲击钻混合成孔。

3.0.3　灌注桩施工应配有备用电力设备，开钻至浇注水下混凝土应连续进行。为配合钻进，应提供浮渣和护壁用的泥浆。护壁泥浆过厚会降低桩的摩擦力，因此合理增加泥浆的浮渣能力，又减少沉淀或护壁泥浆厚度，应是成桩过程中需要解决的主要矛盾。

3.0.4　终孔后浇注水下混凝土前应清孔。清孔方法有换浆、抽浆、掏渣、空压机喷射、砂浆置换等，可根据泥浆浓度、沉淀厚度和施工工具采用一种或几种方法清孔。清孔和终孔阶段不得在孔内加清水。

3.0.5　挖孔应在保证井下通风和安全作业的条件下连续挖掘。若有渗水、松软地层，宜挖掘及支撑护壁交替进行，不间断施工。挖孔内无积水或积水可处理时，可按普通混凝土浇注法浇注孔内混凝土。

3.0.6　桩基钢筋骨架宜分节在特定模具上利用卡具制作成笼，在桩位处起吊分节入孔焊连成整体。骨架四周应设保护层，宜优先使用轮式混凝土垫块。钢筋骨架吊至设计位置后应在上端用不少于 3 根的同直径钢筋固定至井口，以固定钢筋笼位置并防止其上浮。

3.0.7　水下混凝土应采用缓凝水泥配制，并加入适量缓凝剂。水下混凝土应使用商品混凝土或强制式搅拌机现场拌和，泵送或搅拌运输车运送，吊车或钻架起吊，垂直导管水下连续浇注。导管上口应高出孔内水位3m以上,以增加浇注压力,提高桩顶段落的成桩质量。浇注水下混凝土是成桩的关键性工序,若有故障发生,采取合理的技术措施,及时设法补救。确有缺陷时,应立即冲击已入孔混凝土,重新成孔。

3.0.8 冬季是灌注桩施工的黄金季节,但对混凝土应采取保暖措施。可通过原材料加热、掺防冻剂和加热拌和用水等,做到混凝土出机温度不低于10℃,入孔温度不低于5℃。混凝土入孔前温度是判断是否需加热的主要依据。

3.0.9 桩基混凝土浇注高程应超过桩顶设计高程1.0m以上,以保证桩头混凝土的质量和不产生缩径现象。桩基混凝土浇注结束后,可立即人工挖除多浇段落混凝土至桩顶设计高程以上20cm处,以减少凿除桩头的工作量,但不得扰动桩顶混凝土。

3.0.10 桩基后压浆作业是对桩底和桩侧一定范围的土体通过渗入、劈裂、压密起到加固作用,在成桩7d或成桩强度达到设计强度80%后开始,但不宜晚于成桩30d以后。对于饱和土中的复式压浆,顺序应先桩侧后桩端;对于非饱和土,应先桩端后桩侧;多断面桩侧压浆应先上后下;桩侧桩端压浆间隔时间应不小于2h。注浆终止压力应不小于设计压力且不大于10MPa,注浆量应不小于设计注浆量最低限值。水泥浆温度应不低于5℃且不高于40℃。水泥浆水灰比应符合设计要求。

3.0.11 承台(系梁)施工应在桩身无破损检查后进行。干滩、浅水区宜以开挖基坑方法提供施工场所,深水中可采用套箱式模板、吊箱围堰等方法阻水施工承台。墩台钢筋应预埋入承台(系梁)混凝土中。

3.0.12 桥梁钻孔灌注桩应全部采用超声波无破损检测。对超声波检测存在缺陷的桩,应通过钻孔取芯抽查且抽样率不低于3%。

4　大体积承台施工

4.0.1　大体积混凝土配合比确定时应遵循以下原则:

1　选用水化热低、初凝时间长的水泥,以降低混凝土的总发热量,延缓混凝土硬化时放热峰值的出现。

2　掺加粉煤灰取代部分水泥,以减少总发热量,同时改善混凝土的和易性、增加可泵性。

3　使用外加剂减少水泥用量,以减少总发热量。

4.0.2　应根据冷却效率的影响因素,设计冷却管降温系统,以降低混凝土内部水热化。各层间进、出口应各自独立、分别供水,以便根据实际测量数据,相应调整各层水循环速度和进水温度。中心竖管为进水管,角部竖管为出水管。

4.0.3　承台施工时应准确埋设空心墩预埋竖向钢筋。

4.0.4　施工单位应在大体积承台内分层分部位预埋温度传感元件,测取混凝土内部各位置在混凝土硬化过程中的温度。预埋层距宜为50~70cm,层内每3m设一布置点。从混凝土浇注10h开始观察至72h,水化热峰值出现时段宜每小时测温1次,通过调整进管水温和水速,以达到混凝土内外温差不大于25℃。

4.0.5　承台浇筑完成后应用覆盖法和洒水法结合养生不少于7d或用“温度·小时”法确定养生时间。

5 薄壁空心高墩施工

5.0.1 薄壁空心高墩必须采用翻模或爬模方法施工，不应采用滑模施工。板面用整块钢板，每节高度宜为3～5m，面板选择厚度不小于6mm的冷轧钢板。可将外侧四个直棱角改为半径不大于5cm的圆弧，使高墩外形美观，便于施工。

5.0.2 高墩应采用泵送混凝土施工，坍落度宜控制在12～18cm，单个高墩范围必须采用一个厂家同型号同批次的水泥，以保持色泽一致。在正式浇注混凝土前，先在地面做小断面2m高度的试验柱，检验混凝土配合比的施工性能和人工振捣工艺，满足要求后再进行正式施工。

5.0.3 混凝土施工应避开高温时段，分层、均匀、对称浇注，插入式振实。每次浇注顶面和模板，横缝应在同一位置，以减少接缝痕迹。0号块托架预埋钢板应位置准确，焊接牢靠。墩底和承台相接段2m高度内应浇注为实体段，以杜绝薄壁空心高墩根部斜向剪拉应力裂缝。实心段四个面应分别设向外的泄水管。

5.0.4 实行脱模签字认可工作制。在每节脱模时必须有施工技术员和监理工程师在场，脱模后立即检查混凝土的质量，经检查符合要求后签字认可。有质量问题时应由施工单位提出处理补救方案，经监理工程师批准后实施。

5.0.5 墩柱拆模后检查无缺陷应及时用薄膜严密裹覆墩柱混凝土表面，同时在桥墩顶部放置不小于200L的塑料桶（图5-1），设一根补水软管，一端放入塑料桶内，一头加阀门固定在墩底部，养生过程中配一台装有水泵的水车，循环补水；桶底连接一根设有渗水眼的软管，环形缠绕墩顶，自动喷淋养生（图5-2），7d后由施工单位和监理共同用回弹仪检测强度，达到设计要求后可停止养生。

图5-1 墩柱养生

图5-2 喷淋养生

5.0.6　薄壁空心高墩线形应用全站仪分别由两名操作手独立测量控制，每节段立模前和混凝土浇注后，在无太阳强光照射、无大风等干扰条件下，测定墩身纵向、横向中线位置，偏差应不大于 10mm。

5.0.7　墩身四周应按设计留有足够的通气孔，位置应准确，并定期测量内外温度。若内外温差大于 20℃，可加大通气孔直径。通气孔应设在每浇注层段的相同位置。

5.0.8　高墩不宜冬季施工。若因工期原因必须冬季施工，应制定可靠的蓄热保温方案，经专家组充分讨论后才能实施。

5.0.9　对于墩高大于 30m 的桥墩，每个墩位应设置一台附着式塔吊和载人电梯。

5.0.10　曲线连续刚构大桥在设计上应充分考虑悬浇施工时高墩的横向偏位和箱梁的偏扭，及纵向预应力张拉时径向力的影响等问题。高墩施工时应在横向曲线外侧设预偏位移。

5.0.11　大跨径高墩桥梁，每墩应设置一个永久性的水准点。在施工过程中和大桥建成后，应定期观测高墩的沉降等参数，并采用在控制断面埋置应力传感器的方法进行应力监控。

6 0号块施工

6.0.1 根据连续刚构桥结构尺寸特点，为了搭建能够拼装挂篮的平台，宜0号块、1号段同时浇筑，按支架现浇梁的方法组织施工。墩身不高时宜采用支撑在地面的支架，墩身较高时应采用在墩侧焊连支撑的扇形托架上施工。0号块施工现场如图6-1所示。

图6-1 0号块施工

6.0.2 施工单位应对托架或支架进行专门设计。

1 对预埋焊接件、杆件及焊缝或连接螺栓等的强度、刚度应进行计算和验算，挂篮设计图纸及计算资料应报监理工程师办公室审批。

2 为了使托架不产生非弹性变形，应采用全焊接的方法组拼。若是装配式和支架式的支撑，必须进行加载预压，以消除非弹性变形，测量弹性变形值。

6.0.3 墩顶段用于托架的预埋焊接钢板应位置准确、牢靠，由有焊接证的工人施焊，确保焊缝质量和托架安全。

6.0.4 0号块、1号段同时浇筑的外模必须用整块新钢模板，内模可用大块钢模板，拐角处应根据结构尺寸设计专门的钢模板。内、外模应通过模肋保证整体强度与刚度，使模板不产生变形。

6.0.5 墩顶临时支撑采用现浇硫黄砂浆条带，施工完毕后，利用酒精喷灯烧熔或经预埋电热丝通电烧熔。

6.0.6 钢筋、预应力波纹管安置位置有冲突时，应按纵向预应力筋、竖向预应力筋、横向预应力筋、非预应力主筋、结构钢筋的先后顺序避让。预应力管道应做到不锈、不沉、不浮、不破、不偏、不堵、不漏。后穿预应力筋的孔道必须设置塑料内衬管，以杜绝浇注混凝土时可能产生的预留孔道变形。

6.0.7　0 号块、1 号段结构为单箱或双箱,整体现浇成型后底板、顶板、腹板和横隔板三向伸缩,互相牵制、顶拉,应采取各种有效手段预防内力裂缝的出现。在横隔板与侧板相连处、腹板预应力孔道处、人洞顶部等非单一方向伸缩变形处和结构混凝土断面薄弱处,内外侧受力钢筋外挂 ϕ10mm(5cm×5cm 间距)的防裂钢筋网片,面积延伸至可能出现裂缝处 50cm 外。

6.0.8　应在底板最低处设置泄水孔,在腹板中部设置通风孔,直径宜为 5～10cm,每箱每段预留泄水孔和通风孔各一个。

6.0.9　宜采用一次成型的方法浇筑 0 号块与 1 号段,以减少不同步伸缩出现的裂缝。应按先两侧后中部、两端两侧对称分层浇注的方法进行。为了方便混凝土的投料和放入振捣设备,在底、腹板的内模适当位置可开口,浇注到此位置时封闭。悬浇混凝土应用泵送施工,配合比设计除满足强度要求外,还应满足早强、缓凝、水化热小、和易性好等性能要求。

6.0.10　为了防止底板混凝土上溢,在底板混凝土初凝后再浇筑腹板 40～60cm 高,待该部分混凝土初凝后再连续浇筑完成。

6.0.11　采用顶板覆盖、外侧喷淋、内部洒水的方法养护混凝土至设计强度。

6.0.12　混凝土达到拆模强度后可分部分进行模板的拆除。为了施工安全,托架和临时支墩应待合龙段完成后拆除。

7 挂篮施工

7.1 挂篮要求

7.1.1 挂篮一般由桁架、提吊系统、走行系统、模板与张拉平台等组成。施工单位应根据工期进度安排，尽早设计制作挂篮，挂篮图纸和计算资料应报监理工程师办公室审批。如工期要求紧张，挂篮数量可按每个 T 构一对配备。挂篮宜采用自锚平衡，结构形式应首选桁架式，不宜采用斜拉式。挂篮总重量不应大于最重梁段重量的 0.4 倍，最大总变形小于 20mm，主桁架抗倾覆安全系数宜不小于 2.5，自锚固系统安全系数宜不小于 2.5。

7.1.2 挂篮后锚固利用竖向预应力筋时应不少于 4 根，并在连接处设置十字铰。若挂篮后锚固位置与设计竖向筋不一致时，可请示设计单位适当调整竖向筋位置或另预埋精轧螺纹钢筋，预埋深度应不小于 1.5m。

7.1.3 挂篮外模应采用整块钢模板，内模采用大块钢模，内模必须与框架连接成整体结构，不得采用拆拼方法施工。底板与腹板拐角处应采用特制钢模，确保不漏浆。内外模板应伸入前一梁段 30cm，并在前一段预留孔洞穿拉杆固定模板，确保浇注过程中挂篮的稳定性，支模前必须对前一段梁端头混凝土进行凿毛处理。

7.1.4 挂篮底模后端和两边侧模后端处应设置梁体质量检查维修通道，以便检查梁体的混凝土质量。

7.1.5 挂篮设计时应考虑竖向精轧螺纹钢筋的优先张拉，至少保证在挂篮移走前张拉一半数量的竖向钢筋。

7.1.6 在 0 号块、1 号段顶面，应平衡、对称地按顺序拼设挂篮，校正空间位置。

7.1.7 挂篮使用前应做静载试验，试验方案应报监理工程师办公室审批。加载重量应为最大梁段重量的 1.35 倍，加载应采用液压千斤顶法。应检验应力和变形是否满足要求，同时通过静载试验使销、栓孔密贴，消除挂篮的非弹性变形，并测定挂篮自身的弹性变形，绘制荷载—挠度关系曲线图，供施工、监理单位使用，作为梁段立模高程的参考。

7.1.8　挂篮前移应用千斤顶缓慢平稳推进，推移时应在后端设保险绳，到位后应立即安装主桁架后锚固系统。挂篮必须同步行走。行走时应检查后钩板、滑道与梁体锚固件的安全。五级以上大风时，应停止挂篮行走。施工单位应制定详细的挂篮安全操作规程，对挂篮上的人员数量和堆放的机具、材料应有明确规定，始终保持挂篮平衡。

7.2　挂篮悬浇施工

7.2.1　波纹管定位应准确，采用一字形和U形钢筋准确定位（图7-1），定位钢筋焊接应牢靠，监理工程师应逐根检查。应在浇注段波纹管内穿直径稍小的硬芯塑料管，防止浇注混凝土过程中波纹管变形或损坏，待混凝土凝固后拔出芯管。

图7-1　波纹管定位

7.2.2　箱梁混凝土应按底板、腹板、顶板的顺序一次浇筑完成。底板浇筑完，应待混凝土初凝后再浇筑腹板50cm高，待该部分混凝土初凝后连续浇筑腹板、顶板。特别应防止腹板底端向内侧漏浆，导致腹板下角部位混凝土不密实。拐角处应用特制钢模紧贴腹板和底板，避免漏浆。采取整体加工有效控制钢筋间距（图7-2），设立支撑筋保证顶板厚度（图7-3）。

图7-2　整体加工有效控制钢筋间距

图7-3　设立支撑筋保证顶板厚度

7.2.3　腹板混凝土浇注是整个箱梁浇注的难点，可在腹板内侧模板适当位置开口进行投料、振实、观察，应严格控制下弯索下部混凝土的密实。

7.2.4 箱梁悬浇施工应采用泵送混凝土，坍落度应为12～18cm，应采用插入式振捣器振实。附着式振捣器应作为备用振捣设备，在相应部位采用插入式无法振实的情况下间断振捣。为了保证混凝土的浇注质量，施工单位应设专人跟踪监督振捣工作，责任落实到人，挂牌施工，做到不漏振、不过振。

7.2.5 悬浇混凝土应对称平衡进行。底板浇筑应由端部向根部进行，然后对称分层浇注腹板混凝土；浇筑顶板时，应从前端向后端，同时从两侧向中间浇注混凝土，防止梁段接缝处出现裂缝。箱梁底板、顶板表面必须用平板振动器振平、人工抹光，严禁出现凹凸不平现象，不得拉毛。

7.2.6 底模应在纵向预应力张拉完成后才能移动。

7.2.7 挂篮脱模应实行签字认可工作制，由监理和施工技术员在现场共同检查混凝土浇注质量，无质量问题签字认可；若出现蜂窝、麻面、空洞、露筋等质量缺陷，应及时报业主，提出处理办法，审批同意后方可进行处理。

7.2.8 每段梁浇筑前，都应对设备、材料、劳动力有充分的准备，并有预案。混凝土应连续浇注，中途不得停止；若出现异常中途不得不停止时，应立即采用高压水冲掉已浇注的混凝土。

7.2.9 箱梁外侧应采用自动喷淋养生，箱内应采用洒水养生，箱顶面应采用覆盖洒水养生，养生时间不得少于7d。每梁段都应由监理工程师和施工技术员用回弹仪共同检测梁体混凝土强度，达到设计强度后，可停止养生，未达到时应加大养生力度或查找原因。

7.2.10 悬浇施工应始终掌握T构两端对称张拉、平衡施工的原则。

7.2.11 悬浇施工不宜进行冬季施工。

8　预应力施工

8.1　一般规定

应按照先竖向、再纵向、后横向的次序对悬浇箱梁进行预应力张拉。同类应力每次施工时应测定混凝土强度或弹性模量，在相同的条件下施加预应力。由于挂篮施工的需要，竖向预应力筋应优先张拉不少于50%的数量，竖向预应力筋必须采用二次张拉工艺。

8.2　纵向预应力施工及压浆

8.2.1　预应力张拉应在混凝土强度达到设计强度90%后方可进行。在悬浇施工过程中，施工单位和监控单位应定期做混凝土的弹性模量测试，以保证弹性模量与强度的同步性；若弹性模量降低幅度较大，应查找原因，或延长张拉龄期。

8.2.2　锚垫板应与预应力索轴线保持垂直，锚垫板下混凝土应密实。

8.2.3　纵向索应按实测长度下料，整束编号穿入，调整索位至每根两端所处位置相同，杜绝绞索。

8.2.4　应采用张拉力控制、伸长值校核的方法施加纵向预应力。实际伸长值与理论值误差应小于6%。为保证每根预应力筋受力一致，可按单根进行初张拉。由于各个部位索孔弯曲程度不一，对应力、变形吻合性影响较大，可根据不同位置经测试调整初张应力，以达到应力、应变控制处于最佳状态。

8.2.5　张拉千斤顶、油泵应定期配套校验，配套使用。当千斤顶使用超过6个月或200次时，或在使用过程中出现不正常现象，或经过检修，应重新校验。

8.2.6　预应力钢材、锚具进场前应按规范要求进行试验，符合《预应力筋用锚具、夹具和连接器》(GB/T 14370)要求。同等条件下应优先选择安全系数大的正规大厂的产品。

8.2.7　预应力施工是连续刚构桥质量控制的重点，国内很多运营刚构桥出现裂缝、跨中下挠等严重病害都与预应力不足或松弛损失过大有关系。预应力张拉全过程中,监理工程师必须跟踪监督。

8.2.8 下弯索张拉后,在腹板表面沿预应力索轴线方向出现裂缝(图8-1),是近几年常出现的质量病害,施工单位和监理应注意观察;若出现裂缝应及时告诉设计代表,采用增加钢筋网片或其他措施进行处理。

图8-1 腹板裂缝

8.2.9 纵向预应力索孔应采用真空压浆工艺压浆,预应力张拉完成后24h内必须压浆。水泥浆使用P. O52.5以上的水泥配制,强度应不低于45MPa,水灰比不宜大于0.45,不得使用含氯盐的外加剂。压浆气温不应低于5℃。每孔道应一次压浆完成,不得中断;如遇意外情况特别是串孔等现象中断时,应立即用高压水冲洗干净。采取措施处理后,应重新压浆。

8.2.10 压浆应从预应力索孔一端压入,待另一端冒出浓浆后(监理工程师与施工人员现场判断),方可关闭排浆阀;观察压力上升到0.7~0.8MPa,并稳压2min,各部位均无漏浆、冒浆时,关闭压浆阀。

8.3 竖向预应力施工及压浆

8.3.1 上下垫板应与竖向预应力筋轴线垂直,可采取预留张拉槽口的方法确定上垫板的位置。竖向预应力筋上端伸出锚头长度应大于3cm,且距桥面混凝土铺装顶面距离应不小于6cm。

8.3.2 在浇注混凝土时应注意竖向预应力筋上下垫板处混凝土是否达到密实,并应用塑料纸包裹精轧螺纹筋钢上端头,避免混凝土浆污染,造成张拉困难。

8.3.3 竖向预应力筋必须采用二次张拉工艺,以张拉力控制。第一次按设计吨位张拉完成后,不超过3d时间,应再进行一次张拉。严禁超张拉。第二次张拉完成24h内必须压浆。

8.3.4 监理工程师应对第一、二次张拉和压浆三道工序逐根检查,确保不漏拉、漏压。

9　高强混凝土的配制及性能要求

9.0.1　施工单位应专门研究高强混凝土的配制，为了不影响悬浇箱梁的正常施工，应提前半年进行配制试验。应选用不少于两种水泥和外加剂，配制符合性能要求的两种以上的设计强度等级混凝土配合比，不一种水泥供应中断而影响正常施工。

9.0.2　上部高强混凝土应采用泵送施工，混凝土应按3～4d达到设计强度进行配合比设计，还应具有缓凝、流动性大、早强、和易性好等性能，并考虑地区气候特点（干燥、风大，混凝土失水速度快）等对混凝土的不利影响。

9.0.3　高强混凝土水泥量应控制在500kg/m^3以内。应使用细度模数大于2.6的中粗砂和质地坚硬、级配良好的碎石。砂、石料的含泥量应比《公路桥涵施工技术规范》（JTJ 041—2000）规定值降低1%。砂、石料的含泥量超标时应用清水冲洗，砂、石料的其他指标应符合规范要求。

9.0.4　混凝土外加剂应通过试验和检验，符合混凝土性能要求的方可使用，并应使用有生产线的厂家的产品，不得使用复合厂家的产品。外加剂出厂应附检验合格证明。外加剂带入混凝土含碱量不得大于1.0kg/m^3。

9.0.5　混凝土的弹性模量对混凝土性能、缩变及悬浇梁跨中挠度的变化有直接影响。因此，混凝土使用的原材料、外加材料、配制的准确性、拌和程度和养生等方面应采取各种措施，提高并稳定混凝土的弹性模量，做到解除支撑力、移模、浇注混凝土和施加应力各阶段两端每块段弹性模量经测量尽可能一致。

10 边跨梁段、合龙段施工及施工体系的转换

10.1 边跨梁段施工

10.1.1 边侧单T浇筑完成后即可进行边跨梁段的合龙。根据桥下高度选择支架方式,宜采用刚性满堂支架;若边跨直线段下净空高度较大,无法采用支架法施工,应由设计单位提出托架施工的指导意见,并在桥梁结构设计时予以考虑,施工单位应按设计要求实施。

10.1.2 支架应优先考虑采用碗扣架搭设,并通过螺杆调节模板高度。若有支架基础,应做好垫层的承压、防水浸的相关措施。现浇托架施工前应进行预压,预压重量为梁段重量的1.2倍,以消除非弹性变形、测量弹性变形,作为底板模板高度调整的依据。预压卸载应均匀对称。

10.1.3 现浇直线段的模板要求与0号块模板要求相同。应采用从桥墩向桥台方向对称悬浇成型法浇注混凝土。

10.2 合龙段施工

10.2.1 应按照设计文件要求的顺序对称合龙,一般先边跨、再次边跨、后中跨。若要改变合龙顺序,应由设计单位审定方案,经项目管理单位组织审定后才能实施。若主跨为一跨时,直线段的现浇和跨中合龙段可同步进行。

10.2.2 合龙段两端梁段悬浇时应预留合龙段的吊杆孔,待张拉完毕,利用一只挂篮的侧模、底模及桁架浇筑合龙段。模板、钢筋及预应力索安装时,可通过配重方法调整两端梁段线形吻合、高程相符。

10.2.3 尽量选用设计规定温度的下限进行合龙;若温度过高无法满足设计温度要求,应采用水平顶推。顶推力及方案应由设计单位提供,在监控、监理、设计单位共同监督下实施。

10.2.4 应按设计单位提供的方案进行钢骨架锁定。为缩短锁定焊接时间,可先焊一侧,锁定侧在合龙前2h内刚性锁定。

10.2.5 应按设计要求采用水箱加水法在合龙段两端对称、等重加载配重至两端高程一致,重量符合设计要求。随着混凝土的浇注应逐级解除配重,使两端高程保持不变。

10.2.6 顶板合龙索应按设计要求施张或放张。

10.2.7 设计单位应对合龙段及合龙段两侧底板进行专门的防崩裂设计,上下两层钢筋每个十字交叉部位设一个钩筋,下端钩住底层钢筋,上端钩住顶层钢筋并焊接牢靠。监理工程师应逐根检查,这是合龙段质量控制的重点之一。底板崩裂如图10-1所示。

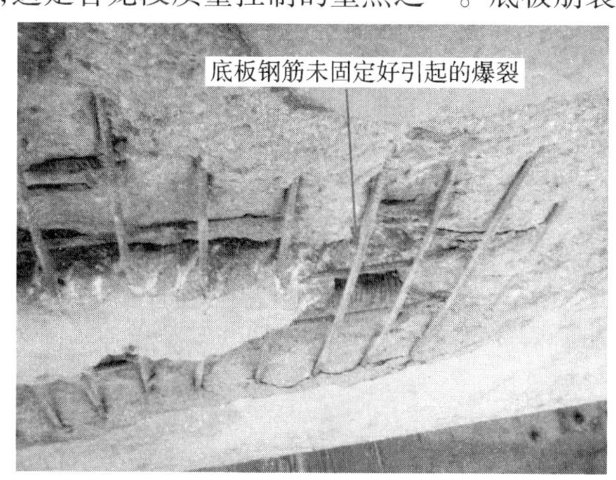

图10-1 底板崩裂

10.2.8 合龙段混凝土强度等级应比箱梁混凝土高一级,宜采用微膨胀混凝土,应提前配制并报批。合龙段混凝土应控制在2~3h内一次对称浇注完成。

10.2.9 在纵向预应力筋张拉前,不得在箱梁上施加或卸除重载。张拉前应解除临时刚性锁定装置。

10.3 施工体系的转换

10.3.1 所有跨合龙后应按设计顺序先短后长张拉剩余跨底板预应力筋。

10.3.2 应先解除临时支座,然后锁定永久性支座,完成体系转换,并由指定检测单位对支座逐一检测评定。

11 施工监控

11.0.1 由于连续刚构桥的结构及施工特点，线形纵断高程的变化和跨中下挠影响桥梁寿命和行车安全，因此过程监控对控制悬浇连续梁质量是非常重要和技术含量较高的一项工作，应选择在理论、实践方面有相应资质、有一定实力的单位承担此项工作。

11.0.2 监控单位应利用认可的电脑程序计算各阶段的挠度变化及受力特征，并根据实际施工荷载作合理调整，用以指导施工。若发现与设计单位数据不符，应及时通知建设单位与设计单位沟通，确定合理的线形数据。

11.0.3 监控单位应在现场实测各块段混凝土的弹性模量、重度和热膨胀系数；测定钢绞线弹性模量、管边应力摩阻损失；测定施工荷载、作用位置、挂篮的弹性和非弹性变形值。

11.0.4 箱梁跨中预拱度应由监控单位提出数值及线形，建设单位组织监理、设计单位及专家论证，参照当地已建桥梁跨中挠度的观测值确定。

11.0.5 在悬浇施工过程中，应坚持监控单位和施工单位背靠背独立测量，在日出前进行。若双方测量结果有出入，应及时查找原因，并重新测定得出正确数据。

11.0.6 应根据各梁段实测数据，对立模高程误差、施工荷载误差、预应力张拉误差、混凝土弹性模量误差、温度影响、徐变误差、测量误差及计算图式的影响进行分析，并对其修正，向施工单位提供立模高程和各截面预留位移。

11.0.7 监控单位应定期向建设单位提交阶段性监控成果报告，交工后提供最终监控报告，及时归档，以便运营期监测的使用。

11.0.8 对于主跨大于或等于100m的高墩连续刚构桥，建设单位应安排在通车开始至运营后三年内连续进行结构监测。

12 预制箱梁施工

12.0.1 箱梁应采用固定台座、整块钢模板场内集中预制,一次浇筑成型。

12.0.2 箱梁端头模板及箱梁翼缘板外缘的齿状模板,应按设计图纸准确加工。凡已变形或浇注混凝土时漏浆的齿板,必须重新校正或重新加工,并采取措施,用强力胶皮、泡沫填缝剂止缝,确保混凝土棱角处和外露的钢绞线位置或钢筋位置不漏浆、无蜂窝,使梁板混凝土外观无缺边掉角、端头平顺。

12.0.3 在制作箱梁钢筋骨架时,首先应准确加工定位钢筋控制架,然后制作能准确控制钢筋间距的钢筋定位卡具,在上述模具上加工箱梁钢筋骨架(图12-1)。

图12-1 箱梁钢筋骨架

12.0.4 为保证钢筋成型的准确性,有波纹管固定环的箍筋应在有标记的模具上先焊接定位环;腹板钢筋应在有定位装置的支架上绑焊;顶板钢筋应在有位置刻槽和湿接缝处钢筋端挂线(平面和端部)成型。浇注混凝土时,波纹管内应衬硬性料管,以防其压坏变形。

12.0.5 箱梁顶板负弯矩波纹管及负弯矩区扁锚安装时,应按设计尺寸准确定位,波纹管挂线安装,再用“井”字形的固定架对波纹管和扁锚牢固固定,保证负弯矩区的波纹管直顺,并在同一轴线上,扁锚定位准确。

12.0.6 箱梁钢筋骨架绑扎时,对翼板钢筋及边梁护栏预埋钢筋、梁端伸缩缝预埋钢筋必须以梁跨中中线为基准挂线绑扎,并用钢筋定位卡具控制间距,保证外露钢筋平顺,位置准确。伸缩缝钢筋应根据各个桥的伸缩缝固定筋的位置和斜角以跨中为基准测量设置,不宜按通用图埋设。为了保证伸缩缝预埋钢筋高程准确,20m梁宜将其提高1.5cm,30m梁宜将其提高2.5cm,40m梁宜将其提高3.5cm。

12.0.7 钢筋骨架制作完成后安装模板前,应在钢筋骨架顺长方向内外相同位置处绑扎厚度不大于2m的塑料垫块,以控制钢筋骨架保护层厚度。

12.0.8 小半径弯桥或曲线上的弯桥，在预制箱梁时应根据设计图对每片梁长分别计算，按实际梁长调整模板长度，保证桥梁安装后伸缩缝符合设计要求。当设计要求梁板设置横坡时，梁翼板必须按横坡进行预制；边梁预制时，应复核翼板宽度是否满足护栏安设要求，护栏钢筋应按设计曲线预埋，避免局部护栏出现悬空现象。

12.0.9 浇注箱梁混凝土时，腹板波纹管以下部分混凝土应一次少投料，用插入式振捣器引振至波纹管以下后再投料，不能一次过多投料造成波纹管顶部混凝土经反复振捣而产生离析。20cm 箱梁应全部采用插入式振捣器振实，30cm 箱梁应尽量少用附着式振捣器振实，以减少与附着式振捣器对应部分混凝土经重复作用产生水波纹。

12.0.10 不管是箱梁还是板梁，均应在边梁顶板底部设置截水槽。应在边梁外缘向内 5～8cm 模板上焊直径不大于 2cm 的半圆形钢件以预留截水槽。

12.0.11 为了保证梁体空腔内不积水、不存水，应在梁板低部最低处对称设置排水孔。20m 以下箱板，排水孔应不少于 2 处，孔径宜为 5cm；30m 以上箱梁预留 4 处，孔径宜为 5～8cm。在安装前必须清理疏通排水孔。

12.0.12 箱梁拆模后应立即进行养生，顶面应覆盖 5cm 厚的海绵饱水养生，梁体两端、侧面、翼板底面应采用自动喷淋养生，保证混凝土面经常湿润（图 12-2）。

12.0.13 箱梁的端头、翼板，应采用专用七星凿毛锤进行凿毛施工，凿除所有浮浆，直至露出新鲜混凝土面为止（图 12-3）。

图 12-2 箱梁喷淋养生

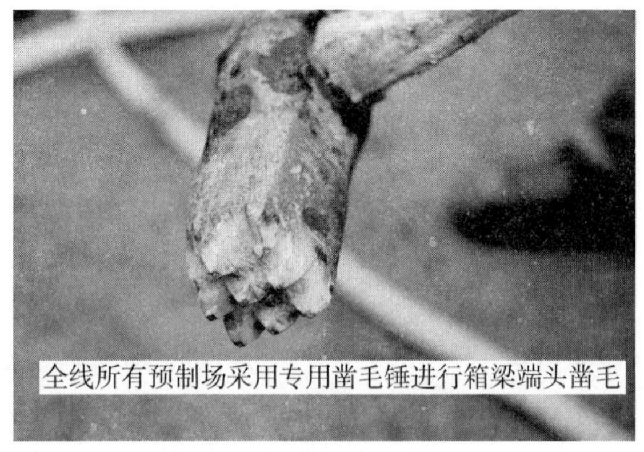

图 12-3 凿毛锤箱梁端头凿毛

12.0.14 测量孔道长度，应考虑工作长度确定预应力筋下料长度。预应力筋由多根钢绞线组成时，同束内应采用强度相等的预应力钢材。编束时，应逐根理顺、绑扎牢固，防止相互缠绕，整束穿索。张拉时应采用应力—应变双控制。根据应力、应变范围，可对初张值进行适当调整，以使伸长值在允许范围内基本相等。预应力筋张拉后，孔道应尽早压浆。

12.0.15　管道应采用真空压浆工艺。压浆过程中，真空泵应保持连续工作。压浆结束前应持压1～2min。

12.0.16　箱梁封端前应再次检查清理箱梁内杂物、油渍、混凝土附着物。

12.0.17　30m以上箱梁存放不得超过2层，20m梁板存放不得超过3层。存放时纵向第一层的支点位置应尽可能靠近支座位置，其上每层支点应对齐或向跨中移10～20cm。横向第一层应梁底全部支满，其上各层梁板的支点应设在下层梁的腹板之上，以防下层梁板的顶板被压裂。

12.0.18　出场安装的梁板边角必须清理整齐，板面污染必须清洗干净，湿接头、湿接缝表面必须凿毛。

12.0.19　梁板预制时，边跨非连续端头不得进行封端，应在安装完成后进行伸缩缝钢筋预埋和封端混凝土的浇注。

13　梁板的安装要点

13.0.1　梁板安装前监理工程师应对支座垫石的高程、轴线位置、强度和平整度逐一进行检查验收，不符合要求的支座垫石必须凿除重新浇筑。

13.0.2　箱梁安装时中隔板应对齐，整孔梁顶面应平顺，高程和横坡应满足设计要求。箱梁架设如图13-1所示。

图13-1　箱梁架设

13.0.3　梁板安装后支座不得有不均匀受力、斜向变形和上下面不密实的脱空现象。若有脱空处，应通过上垫钢板的方式处理。钢板要用裁板机裁切，必要时应刨成斜面，以保证支座整面积均匀受力，处理后才能用于工程实体。

13.0.4　支座受压变形超过设计规定值时，应重新顶起梁体，校正位置或更换支座。对桥梁的橡胶支座应加大抽检频率，经验收合格后方可安装。当安装时温度与设计要求不同时，或安装温度不在10～30℃之间时，应通过计算设置支座顺桥向预偏量。四氟滑板支座安装前在滑动面上必须涂刷硅脂油。

13.0.5　边梁与防震挡块空隙填塞橡胶缓冲块，面积与挡块接触面相同，厚度同空隙厚度。因梁板与防震挡块间距不一，可制作不同厚度的橡胶块用环氧树脂黏结牢固，确保填塞饱满密实。

13.0.6　梁板安装应根据设计伸缩缝的型号，确保梁端伸缩缝的间距。

13.0.7　部颁通用图预制梁架设方案为跨墩龙门架施工。如采用架桥机或其他架设方式，施工单位应根据所采用的架设方式对箱梁进行临时过梁的荷载验算，验算通过后方可施工。

14　桥面系施工

14.1　湿接头、湿接缝施工

14.1.1　桥梁梁板安装后，应对梁板整体纵向中线、边线、高程、伸缩缝宽度和支座密贴性等项目进行系统检查，合格后方可进行湿接头、湿接缝的现浇工作。

14.1.2　现浇前应将梁板所有钢筋校正准确，与现浇混凝土接触的梁体表面要凿毛，所有接触处酥松或强度不足的混凝土应全面凿除。

14.1.3　应按照图纸和规范要求对湿接头、湿接缝钢筋进行焊接。湿接头上、下层主筋应采用帮条双面焊，箱梁横隔板处钢筋可采用单面或双面焊，箱梁湿接缝内环形钢筋必须和两侧箱梁外露钢筋焊接。

14.1.4　应采用大块钢模或单面刨光竹胶板吊模现浇湿接头、湿接缝。模板应根据结构特制，接缝应严密。箱梁湿接头可浇筑成实心的或按图纸设置空心，空心内模宜采用木模，浇注后可不再取出。

14.1.5　浇注顺序应为湿接头、横隔板接头、湿接缝。衔接的边角处必须一次浇注到位，不得留缺口。混凝土必须采用集中拌和。湿接缝混凝土的顶面应粗糙，高程应和两侧梁板顺适，与两侧梁板接触处不实的混凝土应剔除，保证现浇后梁板顶面整体平顺。要特别注意保证负弯矩区预应力索孔对接顺适，管道通畅。湿接头混凝土应在当日气温最低时浇注。

14.1.6　随着混凝土的现浇施工，应及时进行海绵体覆盖洒水养生（图14-1）。横隔板接头和湿接缝脱模时可先将底、侧模松动0.5～1cm，作为混凝土表面外覆盖物，以提高养生效果。结束养生时，应对养生薄弱处的混凝土采用回弹法检查强度；如达不到预期效果，应继续养生或采取特殊措施养生，确保混凝土强度满足要求。

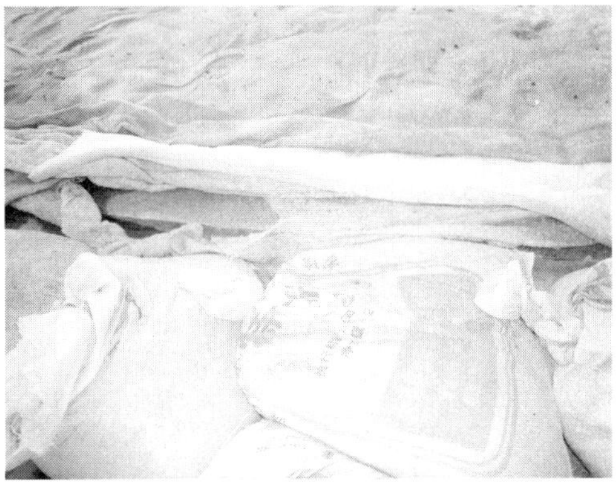

图14-1　桥面海绵养生

14.2 混凝土防撞护栏施工

14.2.1 混凝土防撞护栏是保证桥梁行车安全和影响美观的主要结构，应采用整体钢模板现浇成型。护栏钢筋挂线施工，如图14-2所示。

图14-2 护栏钢筋挂线施工

14.2.2 直线形或大半径曲线处模板应按4～5m分节，较小半径曲线处应按大块模板的二分之一分块。模板表面应平整光滑，接缝应采用平缝，经内贴双面胶做到不漏浆。

14.2.3 应按4～5m设置护栏断缝。缝内应夹软质板（$\delta = 5\text{mm}$）并经两模板连接缝内伸出模板外，夹在两模板中间并经模板连接螺栓穿入上紧，做到既是断开缝又整齐。注意浇注混凝土时两侧座均匀投料振实，保持木板不倾斜不变形。

14.2.4 应经桥外试浇，总结振实方法和减少表面水、气泡的预防措施后，再正式进行护栏现浇。应严格控制线形，做到线形顺适、外观光洁。若设计有护栏钢管、立柱，应在现浇护栏混凝土前安装，不得采用预留孔的方法，以防该处混凝土被拉裂。

14.2.5 护栏伸缩缝应与桥梁伸缩缝设在同一横断面上。

14.3 桥面铺装

14.3.1 负弯矩区应力筋张拉、压浆工作结束，张拉槽口钢筋焊接合格后，可进行桥面铺装层的施工。张拉槽口吊模后可和桥面铺装层一次浇注。桥面铺装最小厚度应不小于6cm；如不能满足，应对梁顶面凿除或调整高程。

14.3.2 桥面铺装前应将梁板顶面凿除清洗至平整、粗糙，无浮浆，无灰尘。

14.3.3 桥面铺装层钢筋应以联为单位，纵、横向分布，不得以任何理由随意切断钢筋，并且要求支垫足够数量的保护层垫块。钢筋保护层厚度应控制在设计值±5mm的范围内。应采用焊接于钢筋网上的短粗钢筋支撑牢靠，采用纵、横间距50～100cm的短钢筋预埋。

14.3.4 桥面铺装层混凝土应按泵送混凝土配制。严禁车辆在铺装层的钢筋上面行驶。

14.3.5　双面坡的铺装层应在两侧设碎石盲沟，单面坡的铺装层应在低的一侧设碎石盲沟。盲沟内的泄水管进水口必须低于盲沟，确保排水畅通。

14.3.6　伸缩缝位置处桥面铺装层应向缝中心延伸 15 ~ 20cm，以保证固定伸缩缝的 C50 树脂混凝土和桥面铺装层 C40 混凝土密实。桥面铺装层表面抹平后，可用机械凿毛，做到平整、粗糙、无浮浆。

14.3.7　桥梁铺装混凝土若在夏季施工，应选择在夜间或避开每天的高温时段。应采用 5cm 厚海绵覆盖饱水养生不少于 7d，且回弹强度应不小于设计强度的 90%。

14.3.8　在桥面沥青层施工前，应对水泥混凝土表面采用机械抛丸等工艺进行处理，除掉浮浆，加强层间联结。抛丸后水泥混凝土桥面构造深度应为 0.5 ~ 0.8mm。

14.3.9　桥面沥青层施工方法同路面施工。

15 桥梁伸缩缝施工

15.0.1 公路桥梁伸缩装置,直接承受各种上部复杂变化的反复剪拉和车轮荷载的反复冲击作用,是桥梁发生病害的主要部位。因此,伸缩缝的施工过程控制尤为重要。

15.0.2 伸缩缝应由专门的施工队伍安装。为了保证伸缩缝的行车舒适,宜采用后开槽法安装。

15.0.3 梁板架设前应严格验收程序,不合格的梁或超长、超短的梁均不得安装就位。桥梁安装过程中要逐孔逐片进行检测,伸缩缝挤实可能导致设计温度范围内不能自由伸缩的梁,应先修复再安装;伸缩缝过宽,使伸缩装置悬空的梁应先修复再安装。

15.0.4 梁体安装后应用挤塑聚苯板填塞伸缩缝缝隙,桥面对应部分,应用砂袋或木板压填,以保证伸缩缝处不被沥青桥面铺装的混合料填实。

15.0.5 桥面沥青面层铺装完成后即可切缝清槽安缝。槽口深度应满足安装要求,旧混凝土表面应凿除,缝内桥面铺装至紧密接触处杂物应清理干净,两侧桥面的混凝土铺装层与沥青铺装层间有夹缝的应继续切除。

15.0.6 开槽后,若发现有缝宽、缝窄和缺少预埋连接钢筋的,均必须采取对应措施处理。尽可能利用原有钢筋,确需补筋植筋的,钢筋直径及长度、植筋深度、孔内干净程度和植筋胶质量必须符合相应规范要求。

15.0.7 伸缩体安装时,应按实际温度对宽度进行调整,安装位置合适、表面平整时对伸缩体钢筋与预埋钢筋逐一焊接,焊接长度应以单面10倍直径控制。

15.0.8 伸缩体安装的平整度和高程应以两侧沥青面层顶面为基准,用2m直尺靠平为原则,一般要求伸缩体应与此相平或低2mm以内。

15.0.9 按设计要求配制固定伸缩缝的混凝土,宜用强制拌和、坍落度在5~8cm的混凝土。外掺钢纤维或树脂胶类,必须拌和均匀。每浇注一批,应留试块在同条件下和标准条件下养护，按龄期检测强度。

15.0.10　浇注混凝土时应清洗槽口，插入式振捣器振实，尤其是型钢下面抹面时严禁洒水泥。终凝后，应用 5cm 厚海绵饱水覆盖养护，混凝土达到设计强度后方可开放交通。

15.0.11　伸缩缝施工应采取有效措施，防止沥青路面的污染和对环境造成的污染。

第二篇　隧　　道

1 总则

1.0.1 为确保隧道工程技术先进、质量优良、施工安全、进度均衡、能耗降低、有利环保,制定本指南。

1.0.2 本指南适用于山岭公路隧道的施工。

1.0.3 隧道工程的防水等级必须达到《地下工程防水技术规范》(GB 50108—2008)规定的一级防水等级标准,二次衬砌结构不渗水,表面无湿渍。

1.0.4 应用信息化网络技术,推广应用新技术、新工艺、新材料、新设备,提高施工管理水平和施工技术水平。

1.0.5 隧道工程的施工除应符合本指南外,尚应符合国家、行业现行相关标准的规定。

2 施工准备

2.1 建立工程量清单0号台账

发布开工令后,项目管理处必须在一个月内建立工程量清单0号台账。

2.2 施工调查

2.2.1 施工调查前应查阅设计文件和相关资料,制定调查提纲。调查结束后,应编写书面施工调查报告。

2.2.2 施工调查应包括下列内容:

1 工程概况:包括工程环境、气候特征、工程地质、水文地质、工程规模和工程特点等。

2 工程的施工条件:包括施工运输、水源、供电、通信、场地布置、弃渣场地及容纳能力、征地拆迁情况等。

3 当地原材料及半成品的品种、质量、价格及供应能力等。

4 当地的交通运输状况,包括运能、运价、装卸费率等。

5 施工所需爆破器材的供应情况及供货渠道等。

6 地方生活供应、医疗、卫生、防疫、民族风俗及居民点的社会治安情况等。

7 对当地生态、环境保护的一般规定和特殊要求,工程对环境可能造成的近、远期影响等。

8 当地可供利用的劳动力资源状况,包括工费、就业情况等。

9 绘制施工调查平面总图。

10 编制施工组织设计所需的其他信息,如政府颁文、业主和监理要求等。

2.3 设计文件核对

2.3.1 设计文件的核对应包括下列内容:

1 技术标准、技术条件、设计原则等。

2 隧道的平面及纵断面。

3 隧道的勘测资料:如地形、地貌、工程地质、水文地质、钻探图表等。

4 设计各专业的接口及相互衔接的施工方法和技术措施。

5 隧道穿过不良地质地段的设计方案,隧道施工对环境可能造成影响的预防措施。

6 洞口位置、洞门样式、洞口边坡与仰坡的稳定程度、衬砌类型、辅助坑道的类型和位置等。

7 指导性施工组织设计。

8 洞内、外排水系统和排水方式等。

9 隧道内施工期通风方案。

10 弃渣场的设计、位置及渣容量是否能满足施工需要和环保要求。

11 隧道工程数量。

12 设计文件提供的定型图、通用图、参考图及设计、施工规范。

2.3.2 控制桩和水准基点的交接和复核应符合下列规定:

1 隧道控制桩和水准基点的交接,应在建设单位主持下,由设计单位持交桩资料向施工单位逐桩、逐点交接确认,遗失的应补桩,资料与现场不符的应要求更正。

2 对接收的控制桩和水准基点,应按同等级测量精度进行复核。

3 测量复核结果应呈报监理工程师,审核批复后方可使用。

2.3.3 在施工调查和设计文件核对后,应将结果及存在的问题,以书面形式报送建设、设计、监理等相关单位。

2.4 实施性施工组织设计

2.4.1 编制实施性施工组织设计应通过全面的调查研究,按照建设项目的工期要求和投资计划,有计划地合理组织和安排好工期、施工方案、施工方法,并提出劳动力、材料、机具设备等生产资源的合理配置,制定详尽的安全、质量、环保、工期、技术保证措施。

2.4.2 实施性施工组织设计中的施工方案、进度计划和现场平面布置,宜在多方案的基础上,经过技术、经济、工期比较后,择优确定。

2.4.3 编制实施性施工组织设计应遵循以下原则:

1 满足指导性和综合性施工组织设计。

2 应在详细调查的基础上,进行技术经济方案的比选,根据最优的方案进行设计。

3 根据工程特点和工期要求,安排施工顺序及工序的衔接。

4 应完善施工工艺,积极采用新技术、新工艺、新材料、新设备,因地制宜。

2.4.4 编制实施性施工组织设计应主要依据以下资料:

1 建设工程项目的招标文件及合同文件。

2 设计文件,及现行的相关国家标准、行业标准及企业标准等。

3 调查资料:如气象、交通运输情况、当地建筑材料分布、临时辅助设施的修建条件,以及水、电、通信等情况。

4 现行施工定额、施工工法及设计单位技术交底纪要。

5 企业的实际施工水平、施工力量及机具现状和更新情况。

2.4.5 实施性施工组织设计应包括下列内容:

1 地理位置、地理特征、气候气象、工程地质、水文地质、工程设计概况、主要工程数量等。

2 合同文件关于工期、安全、质量、文明施工、环境保护等的要求。

3 施工条件、工程特征分析(特点、重点、难点)、施工方案。

4 施工单位关于工期、安全、质量、文明施工、环境保护的控制目标。

5 项目经理部组织机构设置及岗位职责。

6 洞口生产场地布置及临时工程规划。

7 洞内、外管线布置及风、水、电供应方案。

8 编制各工序进度指标、施工总进度计划、单位工程施工进度计划及次级进度计划横道图、网络计划图,并标明关键线路。

9 洞口工程、进洞、洞身开挖、钻爆设计、装渣运输、初期支护、二次衬砌、施工通风、施工排水、控制测量、施工测量、超前地质预报、监控量测等工序的施工方法、工艺流程、检验标准、实施要点。

10 机械设备配备、劳动力配备、主要材料分阶段供应计划,主要材料的采购、运输方式等。

11 材料检验、工程计量、资料归档、成本控制、职工培训计划等各项管理制度。

12 关于工程工期、工程质量、安全生产、职业健康管理、文明施工、环境保护和雨季、冬季及高温季节施工的组织、技术、经济等保证措施及奖惩条例。

13 施工过程中对环境的直接影响和潜在的影响,对各种影响因素所采取的预防和保护措施。

14 施工阶段风险评估和风险规避措施。

15 隧道施工地区发生自然灾害、施工过程发生紧急情况时的应急预案。

16 附件:施工总平面布置图、隧道工程施工方向图、施工形象进度图、施工总体计划横道图、各种施工工艺框图、各种断面爆破设计图、其他附图。

2.4.6 项目管理处应参与实施性施工组织设计的编制,以确保其实用性和针对性。

2.4.7 在实施过程中应根据客观条件、生产资源配置的变化情况及时调整施工组织设计,并及时报送监理工程师批准,实行动态管理。

2.4.8 实施性施工组织设计应经监理工程师组织各方评审,通过后方可组织实施。对于特长或水文地质条件复杂的控制性隧道,应由管理处牵头组织评审,评审通过后方可组织实施。

2.5 施工图现场优化设计

2.5.1 施工前应按照相关要求,组织设计、施工、监理、建设单位及特邀专家进行施工图设计的现场复核和优化完善工作,尤其加强对洞口偏压、浅埋及不良地质路段的核查工作;当发现现场资料(地形、地质情况)与设计不符或其他原因需变更时,应及时按程序进行设计变更。

2.5.2 应充分重视并细化桥隧相接处的设计。当桥隧衔接隧道洞门与桥台位置有冲突时应综合考虑各种因素,避免因隧道退让桥台而造成晚进洞。

2.6 施工复测和控制测量

2.6.1 控制测量应按照规范要求进行设计、作业和检测。控制测量完成后,应向监理工程师提交测量成果报告。测量工作中的各项计算应及时校核,发现问题应及时检查,找出原因。

2.6.2 施工复测应按下列程序进行:

1 勘测设计单位对施工单位进行交接桩以后,施工单位应对所交的控制点进行复测。复测应包括下列内容:

(1)GPS 点的基线边长度。

(2)导线点的转角、导线点间的距离。

(3)水准点间的高差。

2 复测应与相邻标段进行贯通测量,确保标段施工交界处正确衔接。

3 复测结果与设计单位的勘测成果不符时,必须再次复测进行确认。当确认设计单位勘测资料有误或精度不符合规定要求时,应及时与设计单位协商对勘测成果进行改正。

4 控制点复测完成后应编制详细的复测成果书并形成交桩文件,复测成果应报送监理单位和设计单位,复测成果满足要求并经监理单位批复后方可进行后续的测量工作。

2.7 施工机械准备

2.7.1 应根据隧道实施性施工组织设计的要求,配备与工期要求相匹配、污染少、能耗低、效率高的机械。

2.7.2 隧道机械设备的安装应选择适宜的地点，机械运转时的废气、噪声、废液、振动等应尽量减少对周围环境造成污染和影响。在靠近居民区时，各项排放指标均应达到现行《建筑施工场界噪声限值》(GB 12523)、《污水综合排放标准》(GB 8978)、《环境空气质量标准》(GB 3095)等有关标准的规定。

2.7.3 隧道施工机械配套应满足以下要求：

1 为实现隧道施工机械化均衡生产目标，施工单位可根据高速公路隧道断面的特点，按均衡施工能力的1.2~1.5倍配备施工设备。

2 隧道施工应配置能确保使仰拱超前施工的跨越设备；二次衬砌结构宜采用仰拱、边墙、拱部一体化施工的整体式衬砌台车。

2.8 施工场地和临时工程

2.8.1 施工场地布置应遵循下列原则：

1 有利于安全生产、文明施工、节约用地和保护环境。

2 事先统筹规划，分期安排，便于各项施工活动有序进行，避免相互干扰。

2.8.2 施工场地布置应包括下列内容：

1 确定卸渣场的位置和范围。

2 汽车运输道路的引入和其他运输设施的布置。

3 确定风、水、电设施的位置。

4 确定大型机具设备的组装和检修场地。

5 确定混凝土拌和站(场)、预制场及砂、石等材料场的布置。

6 确定各种生产、生活等房屋的位置。

7 场内临时排水系统的布置。

2.8.3 临时工程施工应符合下列规定：

1 运输道路应满足运量和行车安全的要求。

2 高压、低压电力线路及变压器和通信线路应按有关规定统一布置及早建成。

3 各种房屋按其使用性质应符合相应的安全消防规定；爆破器材库、油库的位置应符合有关安全的规定；房屋区内应有通畅的给排水系统，并避开高压电线。

4 严禁将住房等临时设施布置在受洪水、泥石流、落石、雪崩、滑坡等自然灾害威胁的地点。

5 高位水池应远离隧道中线修建。

6 洞口段为不良地质时，不应在洞顶修建房屋和其他建筑。

7 临时工程及场地布置应采取保护自然环境的措施。

8 隧道弃渣场坡面应按设计进行复垦或绿化，或渣顶整平造田；坡脚必须进行防护，防止水土流失。

2.8.4 施工场地布置时,在水源保护地区内不得取土、弃土、破坏植被等,不得设置拌和站、洗车台、充电房等,并不得堆放任何含有害物质的材料或废弃物。

2.8.5 隧道内、外施工场所应按现行《工作场所职业病危害警示标识》(GBZ 158)设置禁止标识、警告标识、指令标识、提示标识,并配以相应的警示语句。

2.8.6 工程竣工时,应修整、恢复受到施工破坏或影响的植被、自然资源等。

2.9 技术交底

隧道施工准备阶段的技术交底为第一级交底,由项目总工程师向项目主要管理人员进行交底,使所有管理人员对项目做到全面把握,能预见性地指导施工,避免安全、质量事故和经济损失。未进行技术交底不得开工。

2.9.1 技术交底应包括以下内容:

1 工程概况。

2 施工组织安排、施工方案、工期要求及施工资源的配置。

3 各级围岩开挖断面尺寸、支护参数、二次衬砌厚度;水沟、电缆槽、仰拱、铺底、路面等各种结构物尺寸。

4 工序施工方法,安全、质量、环保控制措施。

5 工序衔接方式和确保安全施工距离。

6 二次衬砌台车及各种施工台架的设计、加工、安装要求,注意事项。

7 结构混凝土强度等级、配合比设计、材质要求、混凝土外观质量的控制。

8 洞门施工工艺,边、仰坡施工注意事项。

9 施工场地布置,大型临时设施建设的施工技术交底。

10 长大隧道的通风设计、涌水隧道的排水方案。

11 斜井、竖井的出渣运输安全技术措施。

12 施工测量制度和测量结果交底。

13 超前地质预报、监控量测的基本方法和基本要求。

14 初期支护喷混凝土、钢架及锚杆施作技术要求。

15 不良地质现象的施工对策(瓦斯、岩爆、岩溶)。

16 其他施工大样图及说明。

2.9.2 工程技术交底应以现行国家和行业标准、规范、规程,及上级技术指导性文件和企业标准为依据,在图纸会审、实施性施工组织设计的基础上,相应单位工程开工前和分项工程施工前以书面形式进行,交底、承接人签字认可。交底资料应列入工程技术档案。

2.10 作业环境

隧道施工环境对施工质量、安全和施工人员健康有着重要影响,必须保证洞内空气质量良好,照明充足,道路平整。

3 洞口、明洞及浅埋段工程

3.1 施工准备

3.1.1 隧道洞口开挖前,施工单位应对洞口段地形地貌进行复测,认真调查地质情况,并提出隧道“零开挖”进洞专项施工方案,严禁大开大挖,管理处应组织设计、监理专项审查。

3.1.2 隧道进出口联测应完成,且贯通误差符合规范要求;应测放出进洞控制桩,并保护良好;边、仰坡开挖边线、明暗洞交界里程等测量放样应按规范完成。

3.1.3 洞顶截水沟应砌筑完成,洞口初步形成畅通的洞口排水系统。

3.1.4 对洞口情况应进行了详细调查,如洞口的地形情况,有无不良地质或偏压;植被分布情况;征地拆迁情况,对地表沉降要求严格的构筑物分布及结构特点;洞口及附近的地表水系对隧道施工的影响程度;洞口地表有无泉眼出露,地下水分布情况,对围岩的影响程度,洞口土体含水率、塑性指数等原始参数。

3.1.5 洞顶沉降观测点、基点应布设完成,并取得第一组数据。

3.1.6 机械设备及人员均应到位,材料应完成报验。

3.2 一般要求

3.2.1 应积极推广“零开挖”进洞理念。隧道洞顶截水沟以内植被禁止砍伐破坏,分离式隧道中间山体和连拱隧道中导洞开挖时两侧山体应尽可能保护。

3.2.2 隧道进洞前,二次衬砌台车必须进场。

3.2.3 洞口设有明洞且洞口地质情况相对较好的隧道,可先进暗洞,由内向外施作洞口明洞模筑衬砌,再进行洞身段开挖、初支、二衬施工。

3.2.4 当洞口围岩条件很差时,应严格控制进洞施工顺序。应在完成套拱和超前大管棚后,立即进行明洞主体模筑衬砌施工,然后再进行暗洞浅埋段施工。

3.2.5 可在隧道二次衬砌施工完成50m(含明洞)后立即进行洞门及边仰坡绿化工程的施工。

3.2.6 隧道洞口场地必须进行混凝土硬化处理。可考虑洞口段路基基层变更为混凝土基层,提前施作。

3.2.7 洞口前的桥梁、涵洞及路基等相关工程应及时安排施工。应及时完成洞口前的路基施工,为隧道提供施工场地。

3.3 施工程序

3.3.1 洞口与明洞工程的施工程序为:洞顶截水沟开挖、砌筑→洞口其他排水工程→洞口土石方开挖→边仰坡及成洞面临时防护→洞口套拱、管棚棚架式体系等辅助进洞措施施工→明洞基础及洞身施工→明洞防排水施工→明洞回填→洞门施工。

3.3.2 洞口套拱+超前小导管(超前管棚)的棚架式体系是洞口山体坡脚切方后保证坡脚稳定的重要措施。当洞口地质很差且覆盖层很薄时,应采用超前管棚支护,洞口设混凝土套拱,稳定坡脚并兼做管棚导向墙;当洞口围岩情况好时,洞口套拱等辅助措施可予取消。

3.4 洞口工程及进洞方式

3.4.1 隧道进洞坚持"零开挖"原则,杜绝对山体的大挖大刷,在确保隧道洞口安全前提下尽早进洞,使隧道洞口与周围环境自然、协调(图3-1)。

3.4.2 隧道进洞施工前,建设单位应组织设计、监理、施工单位,同时邀请经验丰富的专家,对各个洞口进行现场核对,进一步优化洞口及洞门形式,避免生搬硬套设计文件,盲目进洞。

3.4.3 洞口开挖一般应由路基向暗洞方向循序进行。视地质地形条件,在确保边仰坡稳定的情况下,应尽可能放陡边仰坡坡度、缩小明洞外侧向宽度,最大限度减少对原地面边坡的开挖。

3.4.4 隧道进洞施工应根据实际地质情况设置护拱、超前支护、不良地质加固等措施,尽可能少开挖仰坡,应保护坡面植被。施工时应采取反压回填、半明半暗、棚洞、独头掘进、设置施工横通道等多种灵活、有效的措施,减少对原山体的破坏(图3-2)。

图 3-1　早进洞、缩小明洞外侧向宽度

图 3-2　仰坡保持原始状态

1　对于中短隧道，在不影响工期的前提下，要求将主要生产要素和施工场地准备充分，由监理工程师验收合格后，可选择进洞条件好的洞口单向进洞。

2　地形陡壁、坡体植被茂盛，在常规进洞方案无法施作或施作后造成环境损伤过大时，若侧向距离较短且具备条件时推荐采用侧向进洞。

3　隧道轴线与山体斜交，围岩条件较好时，可采用半明半暗进洞（图 3-3）；围岩较差且存在偏压时，可先施作偏压挡墙，回填反压，采用注浆加固后再开挖进洞。隧道仰坡平缓，覆盖层不厚，成洞困难时，可采用明挖法进洞，明洞施作完成回填恢复原地表。隧道仰坡峭陡，围岩较好时，直贴围岩进洞。

图 3-3　斜交进洞

4　洞口工程施工工艺流程如图 3-4 所示。

3.5　洞口边仰坡施工

3.5.1　洞口处于陡岩下方的隧道，施工前应认真核查隧道上方山体稳定性，评估隧道开挖对原始山体稳定性的影响。对原地表加固（若必要）、及时清理危石后，方可进行隧道施工。

3.5.2　仰坡开挖，由坡口线向洞门方向分层进行（仰坡高度超过 2m 时需分层），并及时按设计进行支护。

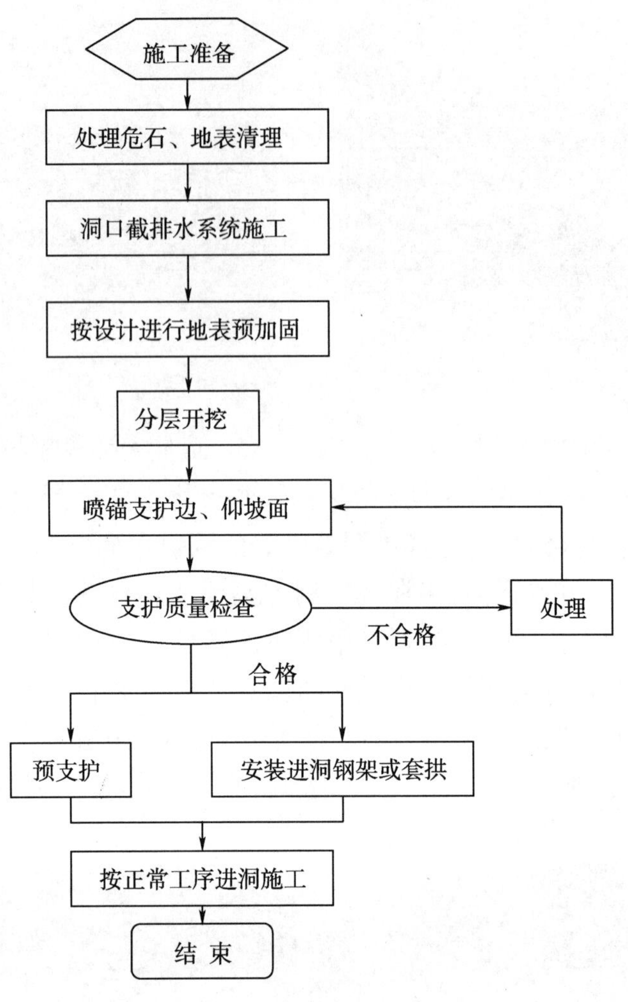

图3-4 洞口工程施工工艺流程

3.5.3 边仰坡施工前应完善洞外排水系统，其中截排水沟中心线距边仰坡开坡线应不小于5m，截水沟施作完毕后应自下而上开挖边仰坡，最大限度地减少对地面植被的破坏，尽可能实现“零开挖”。

3.5.4 洞口临近有建筑物和构筑物时，开挖爆破应采用控制爆破技术，加强对建筑物的变形观测，并对振动波速进行监测，其值应符合现行《爆破安全规程》(GB 6722)的有关规定。

3.5.5 隧道洞门边仰坡防护应采用工程防护和生物防护相结合的方法处理，应按照有关要求做好防护工程，确保边仰坡安全美观。

3.6 明洞施工

3.6.1 超前支护

超前支护方式可根据洞口的岩质情况灵活选用。洞口围岩较差时，采用大管棚或大管棚结合小导管支护进洞;围岩较好时可采取双排或单排小导管支护进洞。

1　明暗洞相接处应修筑护拱,对成洞面进行喷锚网防护,配合长管棚、超前小导管超前预加固挂口进洞,在施作完成护拱、导向管后方可进行管棚施工。

2　大管棚按设计长度一次性钻进施工,在管棚施作结束后,依次分层开挖明洞至设计高程;也可视地质条件,在进洞口外预留部分土体作为支挡块,待洞口二次衬砌成环后再给以挖除。

3.6.2　明洞衬砌

1　明洞基础必须置于稳定的地基上,其地基承载力以及要采用的基底加固措施应满足设计要求。

2　明洞地基处理完成后,立模浇注明洞边墙基础及仰拱混凝土;拱墙衬砌应采用液压衬砌台车泵送混凝土灌注。

3.6.3　明洞回填

1　拱圈混凝土达到设计强度,拱背防水设施完成后,方可回填拱背土方。

2　明洞衬砌完成后应及时施作防水层和回填,明洞拱背回填土按压实度不小于90%控制。拱背回填应与墙后排水设施同时施工,并对称分层夯实,每层厚度不宜大于0.3m,其两侧回填的土面高差不得大于0.5m。

3.6.4　明洞施工工艺流程

明洞施工工艺流程如图3-5所示。

3.7　洞门修筑

3.7.1　隧道洞门根据洞口地质情况,按照“一洞一图”、“安全、环保、美观”、“零开挖”等要求进行专项设计,经专项评审通过后,方可实施。

3.7.2　隧道施工在各道工序已正常衔接后,及时施作洞门。洞门施作完成后,应及时安排边仰坡及洞口周围的绿化,确保通车时洞口与周围自然环境浑然一体。

3.7.3　洞门墙及洞口相关砌体等基础必须置于稳定的地基上,其地基承载力以及要采用的基底加固措施应满足设计要求。

3.7.4　洞门修筑应避开雨季、冬季,在明洞施工完成后即可安排施工,施工中要精心组织、精心施工,满足景观要求。

3.7.5　洞门完成后应及时接顺端墙背后排水沟,保证洞口排水畅通。洞门顶上的边

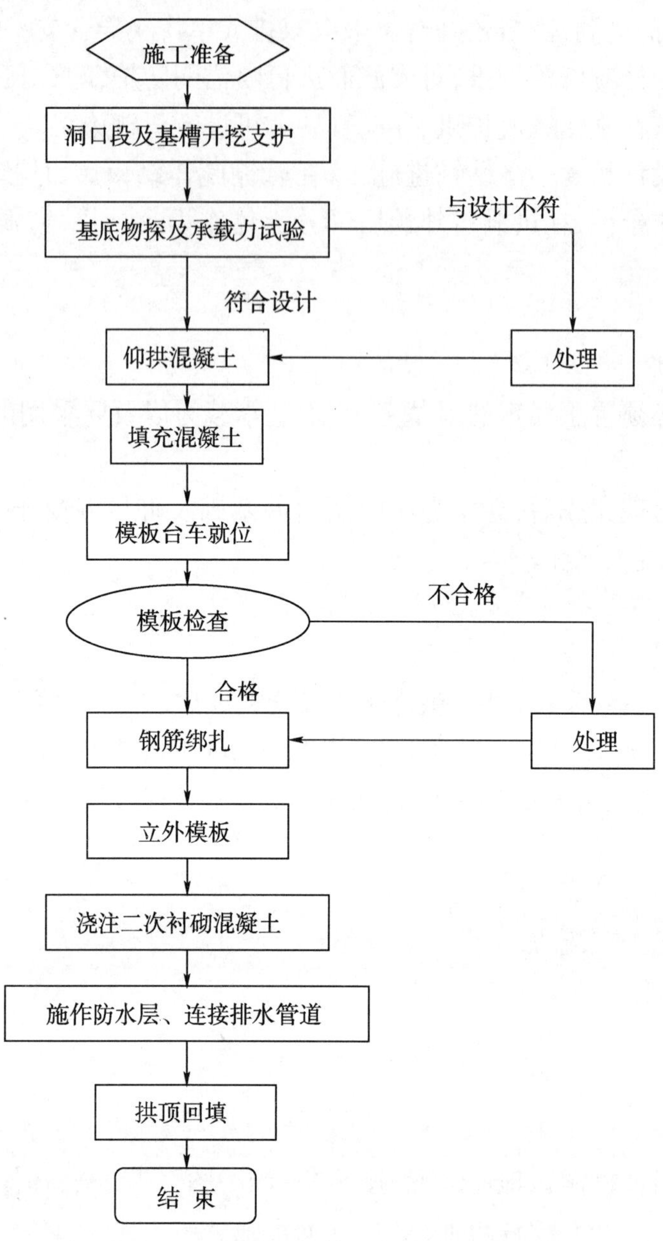

图 3-5　明洞施工工艺流程

沟、排水沟应采用隐形方式设置,注重美观和安全。

3.7.6　端墙模板及支架拆除时混凝土强度必须符合设计要求;设计无要求时,混凝土强度必须达到设计强度等级的100%。

3.7.7　洞门施工工艺流程如图 3-6 所示。

3.8　浅埋段施工

3.8.1　当隧道拱肩厚度小于设计规定值,或存在侧沟冲积物时,必须进行专门的浅埋

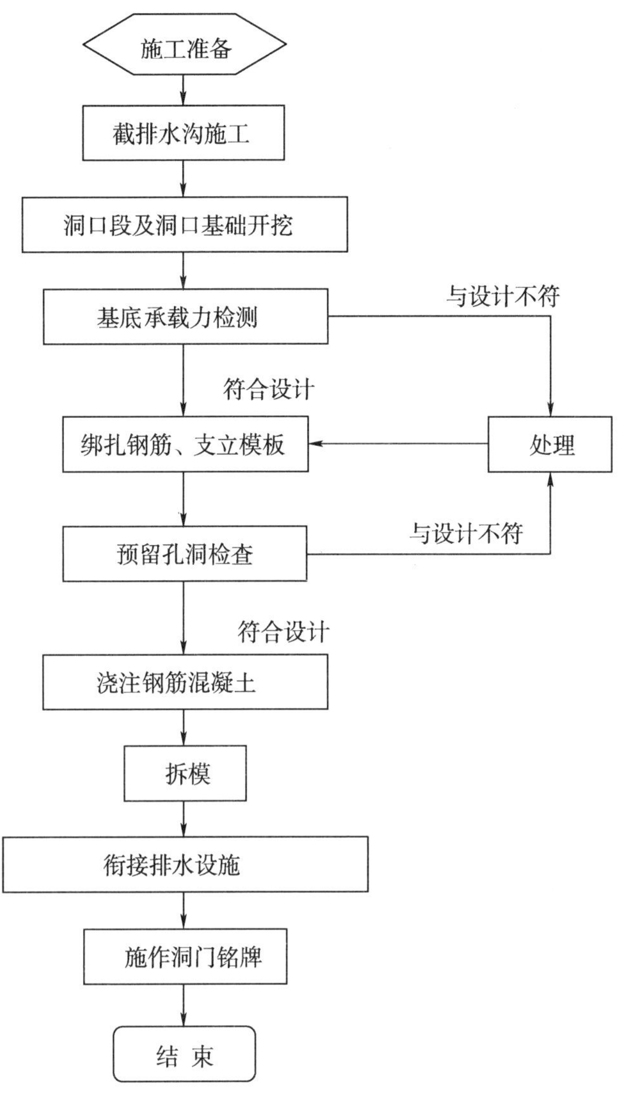

图 3-6 洞门施工工艺流程

段设计。浅埋段开挖应按照设计开挖方式进行,如无相应规定,可根据围岩及环境条件确定开挖方法,宜采用中隔壁法、交叉中隔壁法、双侧壁导坑法或环形开挖留核心土法。围岩的完整性较好时,宜采用台阶法开挖,不应采用全断面法施工。对于黄土隧道浅埋段,要求在单洞衬砌(或仰拱)闭合成环后,方可施作另外一条隧道。

3.8.2 浅埋隧道开挖时应严格控制地表沉陷,减小循环开挖进尺和防止塌方。

3.8.3 开挖后应尽快进行初期支护施工。

3.8.4 浅埋段围岩自稳能力差时,可采用地表砂浆锚杆、超前管棚、超前小导管、注浆等加固围岩稳定地层的辅助工程措施。

3.8.5 应增加地表沉降、拱顶下沉的量测及反馈，量测频率不宜小于深埋段的2倍。

3.8.6 应采取措施控制围岩变形：爆破开挖时，应短进尺、弱爆破、早支护，减少对围岩的扰动；敷设拱脚锚杆，提高拱脚处围岩的承载力；及时施工仰拱或临时仰拱；地质条件差或有涌水时，可采用地表预注浆结合洞内实际地质情况环形固结注浆。

4　超前地质预报

4.1　准备工作

隧道施工前应根据设计文件的地勘资料，编制地质预报方案和实施大纲，并报有关部门审查和批准后执行。

4.2　一般要求

4.2.1　超前地质预报应参照《公路工程地质勘察规范》(JTJ 064—98)及国家现行《岩土工程勘察规范》(GB 50021)等有关规定执行。

4.2.2　在隧道进洞施工前，项目管理处需组织勘察、设计、施工、监理及特邀专家，对隧址区进行地质踏勘，分析隧道施工中地质环境，研究采用何种方式的综合地质预报手段。对于长、特长隧道，应要求地勘单位绘制水文地质平面图及纵断图，指导隧道施工。对于岩溶隧道，还应做水文地质导水等试验，确定岩溶发育规模、范围，为隧道施工、运营提出处置意见。

4.2.3　隧道施工应加强地质工作，以达到地质预测预报的目的。常规地段应实施跟踪地质调查，不良地质地段应进行超前地质预报。地质预测预报应作为必备工序纳入施工组织管理。

4.2.4　跟踪地质调查与超前地质预报，应达到下列主要目的：

1　在施工前期地质勘察成果的基础上，进一步查明掌子面前方一定范围内围岩的地质条件，进而预测前方的不良地质以及隐伏的重大地质问题。

2　为信息化设计和施工提供可靠依据。

3　降低地质灾害发生的风险。

4　为编制竣工文件提供可靠的地质资料。

4.2.5　跟踪地质调查与超前地质预报应配备专业技术人员和设备(图4-1、图4-2)。

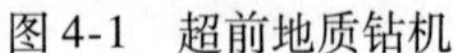
图4-1　超前地质钻机

图4-2　钻孔取芯编录

4.2.6　地质预报、信息化设计和信息化施工是一个有机的整体，各方应协调一致，紧密配合，既为量测作业创造条件，又避免因抢工程进度而忽视量测工作。同时应做到信息传递顺畅，反馈及时，快速决策处理。

4.2.7　现场照明、通风等作业条件应良好，满足正常预报作业需要。

4.3　超前地质预报的内容

4.3.1　地层岩性，重点为软弱夹层、破碎地层、煤层及特殊岩土等。

4.3.2　地质构造，重点为断层、节理密集带、褶皱轴等影响岩体完整性的构造发育情况。

4.3.3　不良地质，特别是溶洞、暗河、人为坑洞、放射性、有害气体、高地应力等发育情况。

4.3.4　地下水，特别是对岩溶管道水、富水断层、富水褶皱轴及富水地层。

4.4　其他

长大隧道施工，应将超前地质预报作为一项工序进行管理，借以指导隧道施工风险管理和成本控制。

5　洞身开挖

5.1　一般规定

5.1.1　隧道施工的方法应根据地质条件、断面大小、结构形式、工期要求、周围环境的需要、综合经济效益等因素而确定。

5.1.2　爆破器材的运输、储存、使用和销毁应符合现行《爆破安全规程》(GB 6722)要求及公安部门的规定。

5.1.3　开挖作业应符合下列规定：

1　开挖轮廓形状和断面尺寸应符合设计要求，尽量减小开挖轮廓线的放样误差，宜采用激光指向仪、隧道激光断面仪等辅助手段确定开挖轮廓线和炮孔位置。

2　通过爆破试验，选择合理的钻爆参数。在施工过程中，应根据地质条件的变化和对振动波的监测，不断调整钻爆参数，把对围岩、支护及衬砌的扰动减到最小程度。

3　施工过程中应把监控量测、地质预报纳入工序中，做好设计与施工间的信息传递与反馈，修正开挖方法和参数，实现优化设计和安全施工。

4　测量贯通误差应符合《工程测量规范》(GB 50026—2007)与《公路勘测规范》(JTG C10—2007)的规定。

5　隧道围岩变形量与隧道跨度、施工方法、施工质量等多种因素有关，施工中应根据量测结果进行分析，及时调整下一阶段同级围岩的预留变形量，以防止围岩的实际变形量超过预留变形量造成初期支护侵入二次衬砌，或因预留变形量过大造成增大二次衬砌厚度或增加回填等现象。

5.2　分离式隧道

5.2.1　施工工序

施工工序如图 5-1 所示。

5.2.2　开挖方法选定

洞身开挖应按照设计开挖方式进行，若设计无要求时，可按下述方法进行：

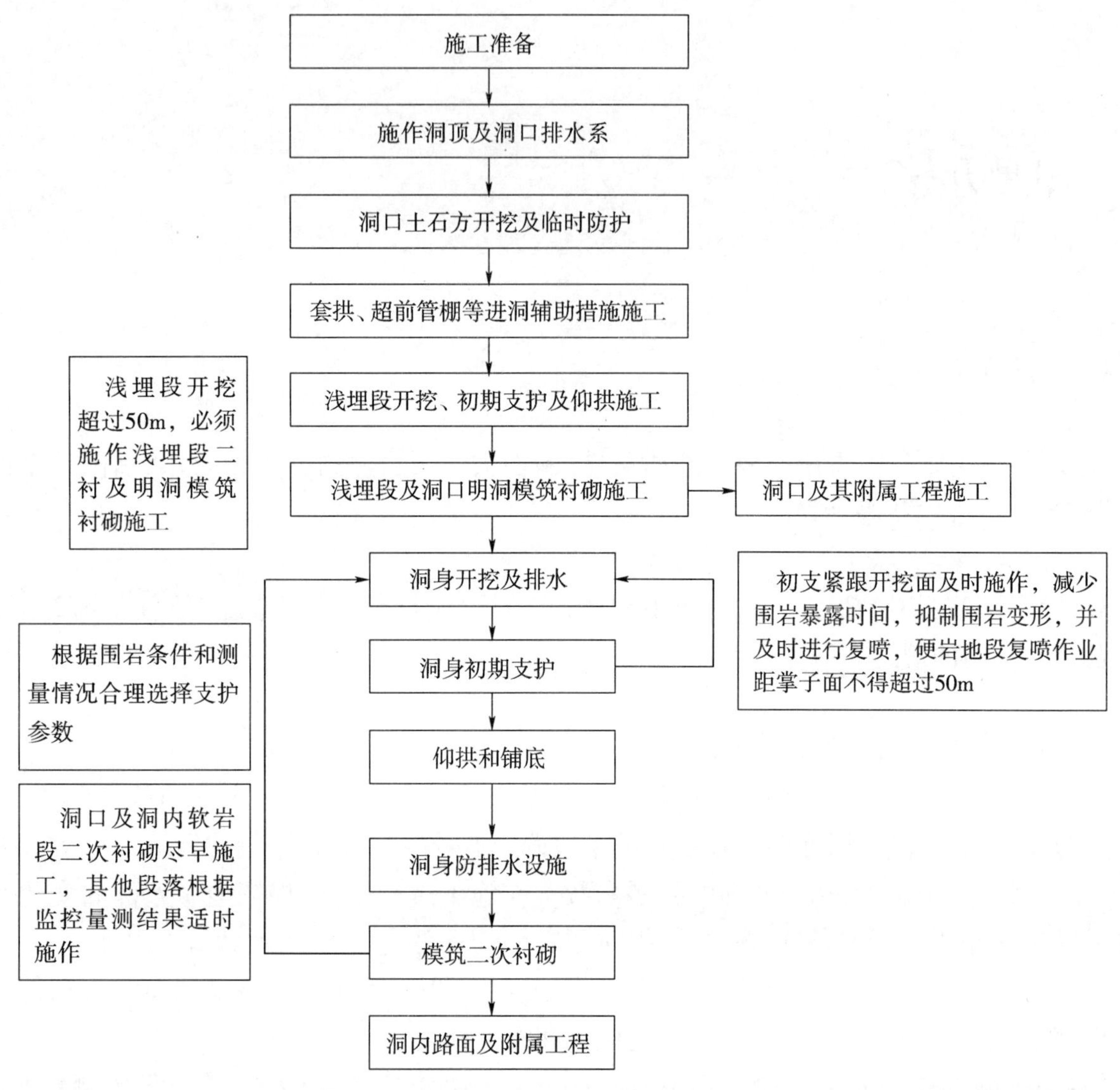

图5-1　施工工序

1　正洞开挖

Ⅵ级围岩地段可采用侧壁导坑法开挖；Ⅴ级围岩地段可采用环形开挖预留核心土法(即台阶分部开挖法)或三台阶法七步平行流水开挖法施工；Ⅳ级围岩地段可采用正台阶法施工；Ⅰ、Ⅱ、Ⅲ级围岩地段可采用全断面光面爆破法施工。

2　应急停车带

应急停车带Ⅴ级、Ⅵ级围岩地段可采用侧壁导坑法；Ⅲ、Ⅳ级围岩地段可采用台阶分部开挖法施工；Ⅰ、Ⅱ级围岩地段可采用台阶法开挖(也可采用正常全断面掘进后部扩挖的方法)。

3　人行和车行横洞

车行横洞Ⅴ、Ⅳ级围岩地段可采用短台阶法施工，车行横洞Ⅰ、Ⅱ、Ⅲ级围岩地段以及人行横洞Ⅲ、Ⅱ、Ⅰ级围岩地段均可采用全断面法施工。

5.3 双连拱隧道

5.3.1 一般要求

1 连拱隧道一般埋深浅、跨度大、地质条件复杂、受雨季地表水影响大，施工时应严格按设计及规范要求采取强有力的超前预支护或预加固措施以保证开挖安全，还应特别注意地形偏压带来的不利影响。

2 钻爆法施工应采用微震光面爆破和减轻震动爆破技术，以减轻爆破对围岩的扰动。

3 连拱隧道施工应合理安排两侧主洞开挖、初支、二衬等工序的先后顺序及长度，减少先行洞、后行洞施工时相互对围岩及结构的扰动，以确保施工安全。一般情况下，不允许左右两洞齐头并进，同时开挖、衬砌，宜先左（右）洞，后右（左）洞；再左（右）洞，继而右（左）洞的逐步推进，如此往复循环依次进行；先行洞应选择在偏压侧及地质较为软弱的一侧；先行洞开挖超前另侧主洞 30 ~ 50m，先行洞二次衬砌断面落后后行洞开挖面距离，现场可根据爆破震动检测结果确定，一般不少于 2 倍洞径。

4 左右洞必须至少各配备一台二次衬砌模板台车。

5 应严格按设计要求进行中隔墙施工，左右洞的施工缝、变形缝和沉降缝位置原则上和中隔墙位置相对应。

5.3.2 施工工序

施工工序如图 5-2 所示。

5.3.3 工艺要点

1 中导洞开挖

中导洞是双连拱隧道开挖的关键，必须准确控制开挖中线，仔细探查岩层情况。中导洞开挖为主洞的开挖积累资料和摸索情况。主洞施工时，根据中导洞开挖所揭示的隧道围岩状况，及时和设计围岩进行对比，修正支护结构参数，指导主洞施工。

中导洞贯通后，浇注中隔墙混凝土。墙顶处的防、排水设施应按图纸及规范要求严格实施，以保证防排水设施满足设计要求，排水畅通，不渗不漏。

2 中隔墙施工

连拱隧道对中隔墙施工时应对地基进行测试，承载力不能满足设计要求时，应及时采取提高地基承载力的措施。

中隔墙混凝土施工应符合下列要求：

（1）基础底面应清扫干净，无水、无石渣。

（2）墙身内预埋件、排水管应固定牢固，位置准确。中隔墙施工时应注意预埋件与主洞钢支撑连接钢板预埋牢固，并应加强对预埋排水和止水设施的保护。

（3）中隔墙顶部应与中导洞顶紧密接触、回填密实。

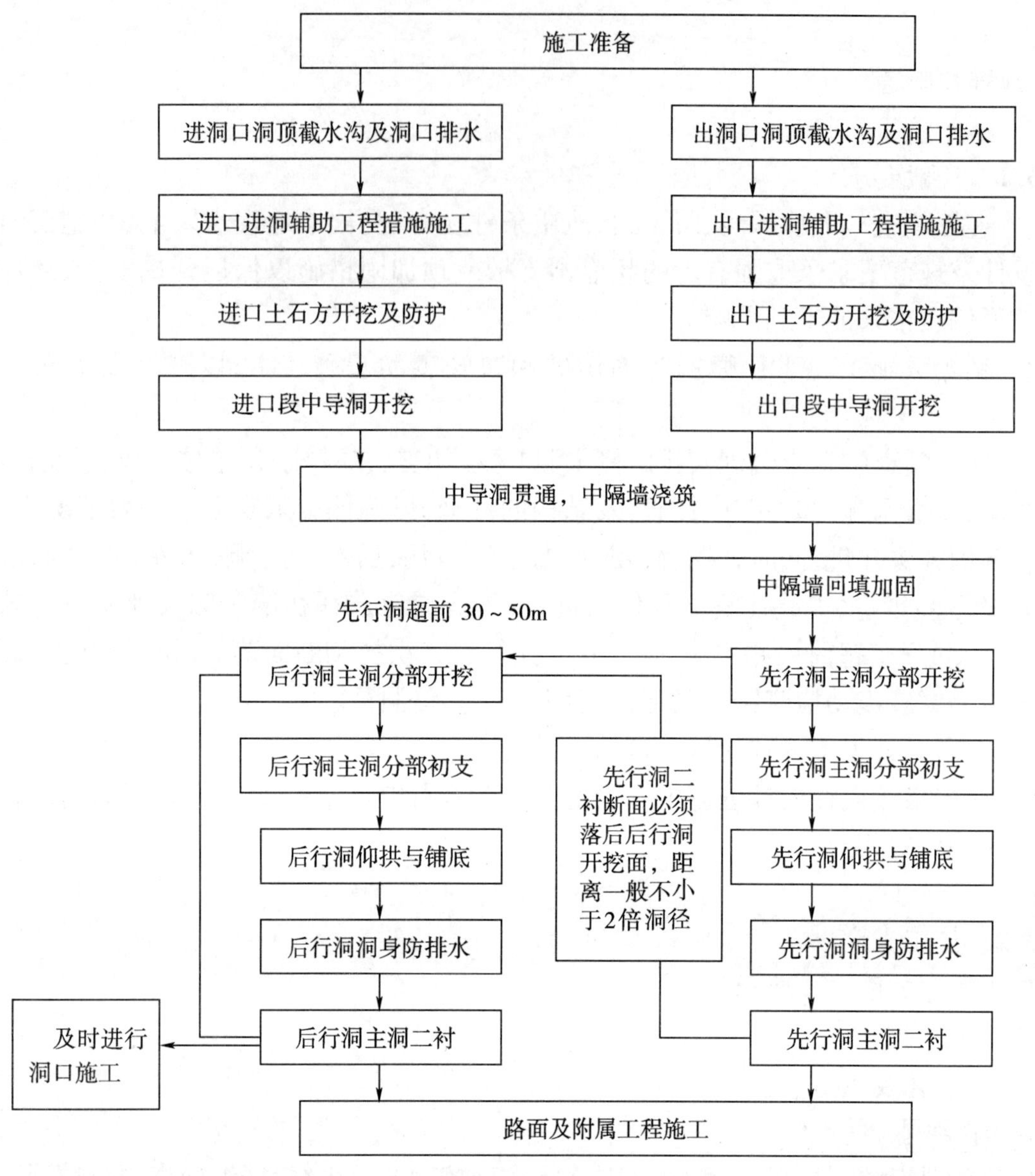

图5-2　施工工序

（4）中隔墙模板应采用定型钢模，以保证混凝土浇注质量，加快中隔墙施工效率。

3　主洞施工

（1）开挖先行主洞前，后行主洞围岩与中隔墙之间的空隙应按设计要求进行回填密实或支撑顶紧；爆破设计时不得以中导洞作为爆破临空面。

（2）主洞上拱部的开挖，应在中隔墙混凝土浇注完毕并达到强度要求后进行，并应慎重施工。为了平衡初期左（右）侧拱圈的推力，上拱部开挖前，应在中隔墙右（左）侧导坑空隙处用钢管设置横向水平支撑，或采用其他措施，支顶中隔墙，防止中隔墙受到左（右）侧拱圈的推力后产生变形。

（3）开挖过程中应及时做好洞内排水系统，严禁洞内积水。软岩地段施工排水沟不应沿边墙设置，宜距墙基脚适当距离，以防止水沟渗水软化墙基底围岩面降低其强度。

5.4　小净距隧道

5.4.1　在施工过程中应尽可能保护中间岩柱，左右洞开挖保持一定的距离，后行洞宜在先行洞初期支护封闭成环后进行，开挖爆破振动速度应控制在15cm/s以下。

5.4.2　对于Ⅴ级围岩段结合地层岩性，先施工一侧主洞采用留核心土环形开挖或单侧壁开挖法或台阶法开挖，后施工的一侧主洞也采用留核心土环形开挖或台阶法开挖。

5.4.3　Ⅳ级围岩浅埋段段先施工一侧主洞，施工开挖宜采用台阶法施工，后施工的一侧主洞宜采用留核心土环形开挖或台阶法开挖；Ⅳ级围岩深埋段段先施工一侧主洞施工开挖宜采用正台阶法施工，后施工的一侧主洞宜采用留核心土开挖法开挖。

5.4.4　对于Ⅱ～Ⅲ级围岩段，先行洞可采用全断面开挖法，后行洞采用正台阶或全断面开挖法。

5.5　主洞开挖方法

5.5.1　全断面法

1　施工工艺

采用全断面光面爆破法施工。采用钻孔作业台车（简易钻孔台架）钻孔，喷射机械手或湿喷机喷射混凝土。采用挖掘机配合装载机装渣，自卸车出渣。施工中合理调整工序，实行“钻爆、装渣、运输”机械化一条龙作业。围岩稳定性好时复喷混凝土作业与钻爆作业可拉开距离平行作业。

2　施工工序

（1）全断面开挖。

（2）初期支护。

（3）全断面二次衬砌。

其主要应用于两车道Ⅱ、Ⅲ及Ⅳ级较好围岩和三车道Ⅰ、Ⅱ、Ⅲ级围岩段的施工。循环进尺宜控制在3～4m；采用大型机械配套作业；超前开挖导洞时，应控制好开挖距离。

3　全断面法施工

（1）全断面法开挖空间大，工序少，应采用大型配套机械化作业，各道工序尽可能平行交叉作业，缩短循环时间。

（2）全断面法开挖量大，爆破引起的震动较大，应严格控制一次同时起爆的炸药量，按钻爆设计要求控制炮眼间距、深度和角度，钻眼完毕，按炮眼布置图进行检查并做好记录，对不符合要求的炮眼应重钻，经检查合格后方可装药。

（3）钻眼时，周边眼及掏槽眼应定人定岗，并严格控制周边眼外插角。每循环爆破后，应认真查看爆破效果，并根据超欠挖及炮眼痕迹保留率不断优化钻爆参数，改善爆破效果，减少超欠挖。

(4)应确定合理的循环进尺，确保两个循环的接茬位置平滑、圆顺。

(5)每循环爆破后及时找顶，初期支护施作前应按要求进行地质素描。

4　施工工艺流程

全断面开挖施工工艺流程如图5-3所示。

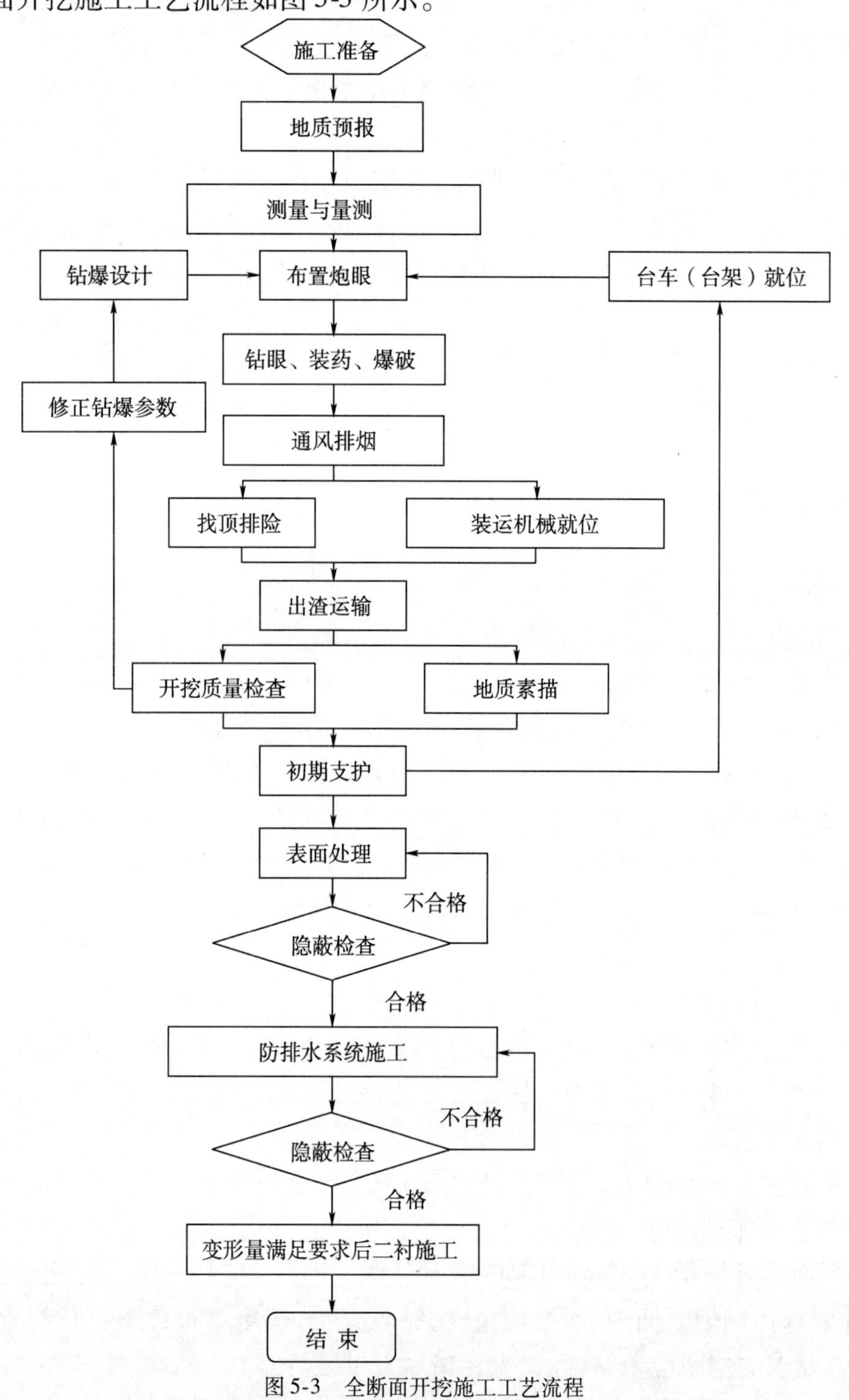

图5-3　全断面开挖施工工艺流程

5.5.2　中隔壁法(CD 法)

CD 法是在软弱围岩隧道中,先开挖隧道的一侧,并施作中隔壁,然后再开挖另一侧的施工方法,主要应用于大跨度隧道洞口浅埋段、Ⅴ级围岩地段以及老黄土隧道(Ⅳ级围岩)地段。

1　CD 法施工工艺流程(图 5-4)

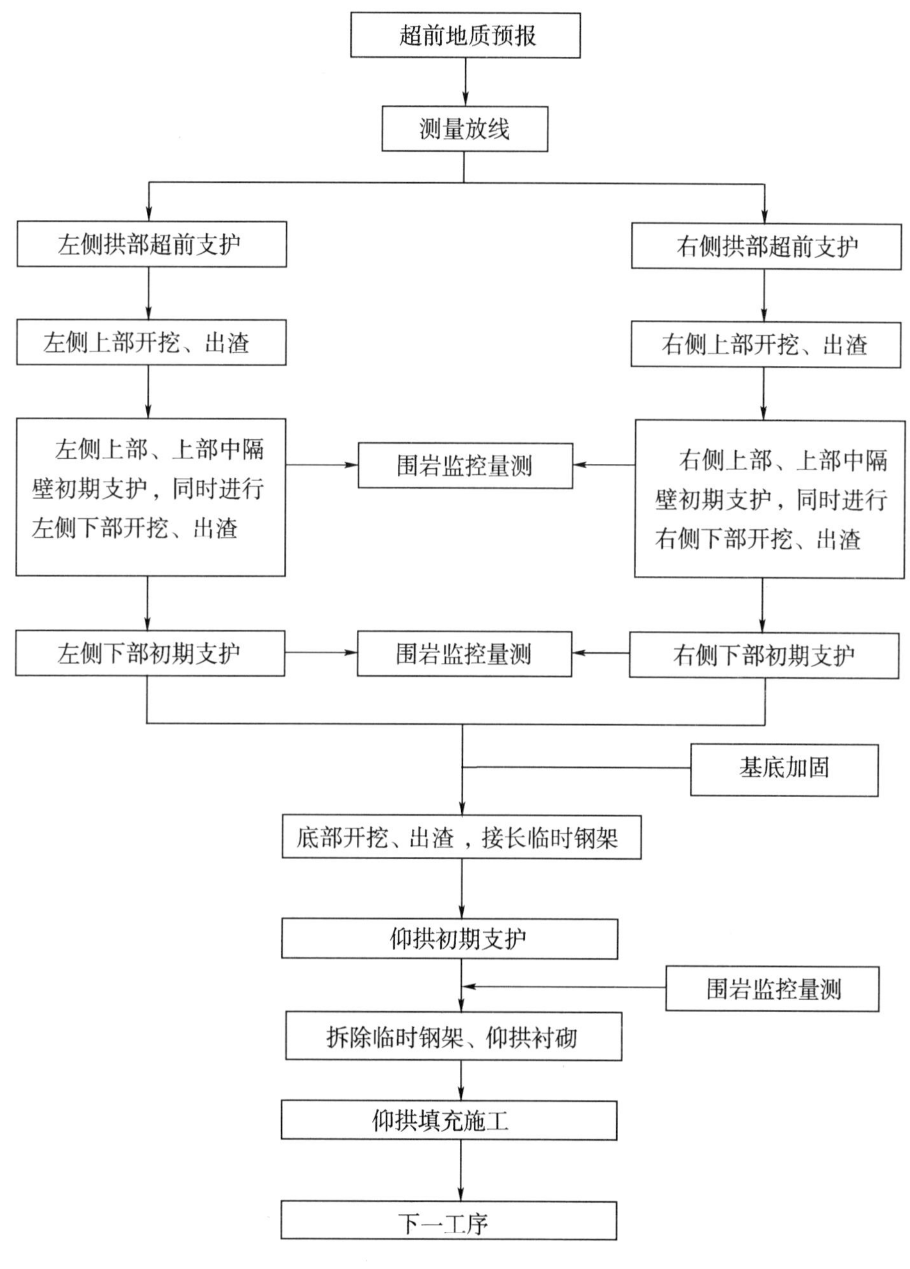

图 5-4　CD 法施工工艺流程

2　CD 法施工工序说明(图 5-5)

(1)首先利用上一循环架立的钢架施作隧道侧壁超前钢花管及导坑侧壁水平锚杆超前支护。人力配合机械开挖①部。再施作①部导坑周边的初期支护和临时支护,即初喷混凝土,架立型钢钢架和临时钢架,并设锁脚锚杆,安装径向锚杆及铺设钢筋网片,复喷混凝土至设计厚度。

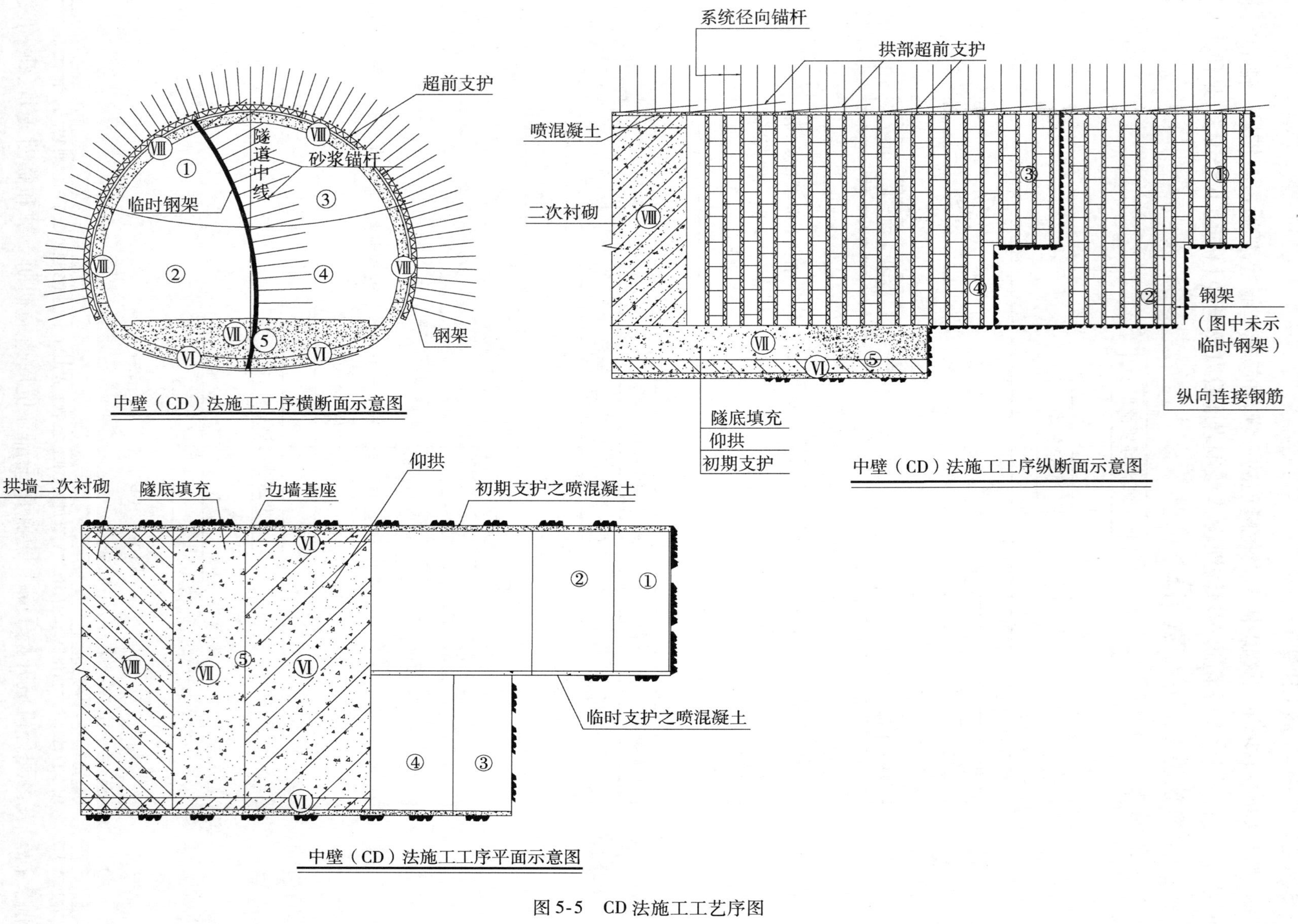

图 5-5　CD 法施工工艺序图

（2）首先在滞后于①部一段距离后，挖掘机开挖②部，人工整修表面。导坑周边部分初喷混凝土。再接长型钢钢架和临时钢架，并设锁脚锚杆。钻设径向锚杆并铺设钢筋网片，复喷混凝土至设计厚度。

（3）在滞后于②部一段距离后，挖掘机开挖③部，人工整修表面，施作导坑周边初期支护，步骤及工序同（1）。

（4）在滞后于③部一段距离后，挖掘机开挖④部，人工整修表面，施作导坑周边初期支护，步骤及工序同（2）。

（5）在滞后于④部一段距离后，挖掘机开挖⑤部。然后接长临时钢架至隧底，底部垫槽钢。

（6）在根据监控量测结果分析，待初期支护收敛后，拆除临时钢架。再利用仰拱栈桥灌注Ⅵ部边墙基础与仰拱。

（7）利用仰拱栈桥灌注仰拱填充Ⅶ部至设计高度。

（8）利用衬砌模板台车一次性灌注Ⅷ部衬砌（拱墙衬砌一次施作）。

3　CD 法施工控制要点

（1）上导坑①、③部的开挖循环进尺控制为 1 榀钢架间距（0.75～0.8m），下导坑②、④部的开挖可依据地质情况适当加大，但不得大于 2 榀钢架间距（1.5～1.6m）。

（2）导坑开挖孔径及台阶高度可根据施工机具、人员等安排进行适当调整。

（3）钢架之间纵向连接钢筋应及时施作并连接牢固。

5.5.3　交叉中隔壁法（CRD 法）

CRD 法是在软弱围岩隧道中，先开挖隧道一侧的一两部分，施作部分中隔壁和横隔板，再开挖隧道另一侧的一两部分，完成横隔板施工的施工方法，主要应用于大跨度隧道洞口浅埋段、偏压地段以及Ⅴ级围岩地段的施工。

1　CRD 法施工工艺流程（图 5-6）

2　CRD 法施工工序说明（图 5-7）

（1）首先利用上一循环架立的钢架施作隧道侧壁小导管及导坑侧壁水平锚杆超前支护。而后机械开挖①部，人工配合整修。必要时喷混凝土封闭掌子面。再施作①部导坑周边的初期支护和临时支护，即初喷混凝土，架立型钢钢架和临时钢架，并设锁脚锚杆，安设横撑。安装径向锚杆后复喷混凝土至设计厚度。

（2）在滞后于①部一段距离后，机械开挖②部，人工配合整修，必要时喷混凝土封闭掌子面，导坑周边部分初喷混凝土，接长型钢钢架和临时钢架，安装锁脚锚杆，安设横撑，钻设径向锚杆后复喷混凝土至设计厚度。

（3）在滞后于②部一段距离后，机械开挖③部，人工配合整修，并施作导坑周边的初期支护，步骤及工序同（1）。

（4）在滞后于③部一段距离后，机械开挖④部，人工配合整修，并施作导坑周边的初期支护，步骤及工序同（2）。

（5）在滞后于④部一段距离后，机械开挖⑤部，人工配合整修。而后隧底周边部分初

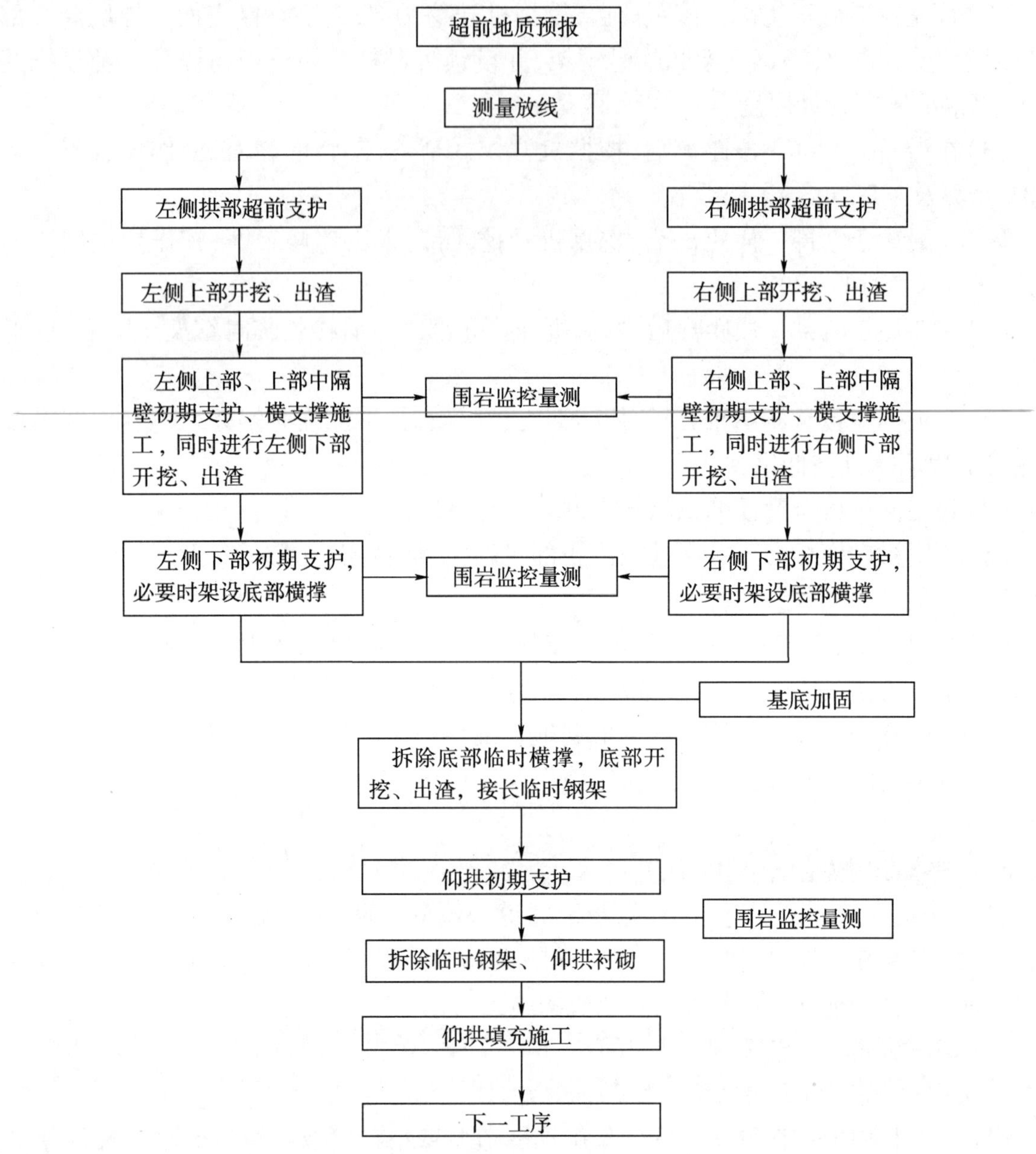

图 5-6 CRD 法施工工艺流程

喷混凝土。接长临时钢架,复喷混凝土至设计厚度。再拆除下部横撑,安设型钢钢架仰拱单元,使之封闭成环。

(6)根据监控量测结果分析,待初期支护收敛后,拆除临时钢架及上部临时横撑。再利用仰拱栈桥灌注Ⅵ部边墙基础与仰拱混凝土。

(7)灌注仰拱填充Ⅶ部至设计高度。

(8)利用衬砌模板台车一次性灌注Ⅷ部衬砌(拱墙衬砌一次施作)。

3 CRD 法施工控制要点

(1)为确保施工安全,最大限度利用围岩的自稳性,本着“短进尺、快循环”的原则,上导坑①、③部的开挖循环进尺控制为 1 榀钢架间距(0.6~0.75m),下部②、④部的开挖可依据地质情况适当加大,但不得大于 2 榀钢架间距(1.2~1.5m),⑤部仰拱一次开挖长度

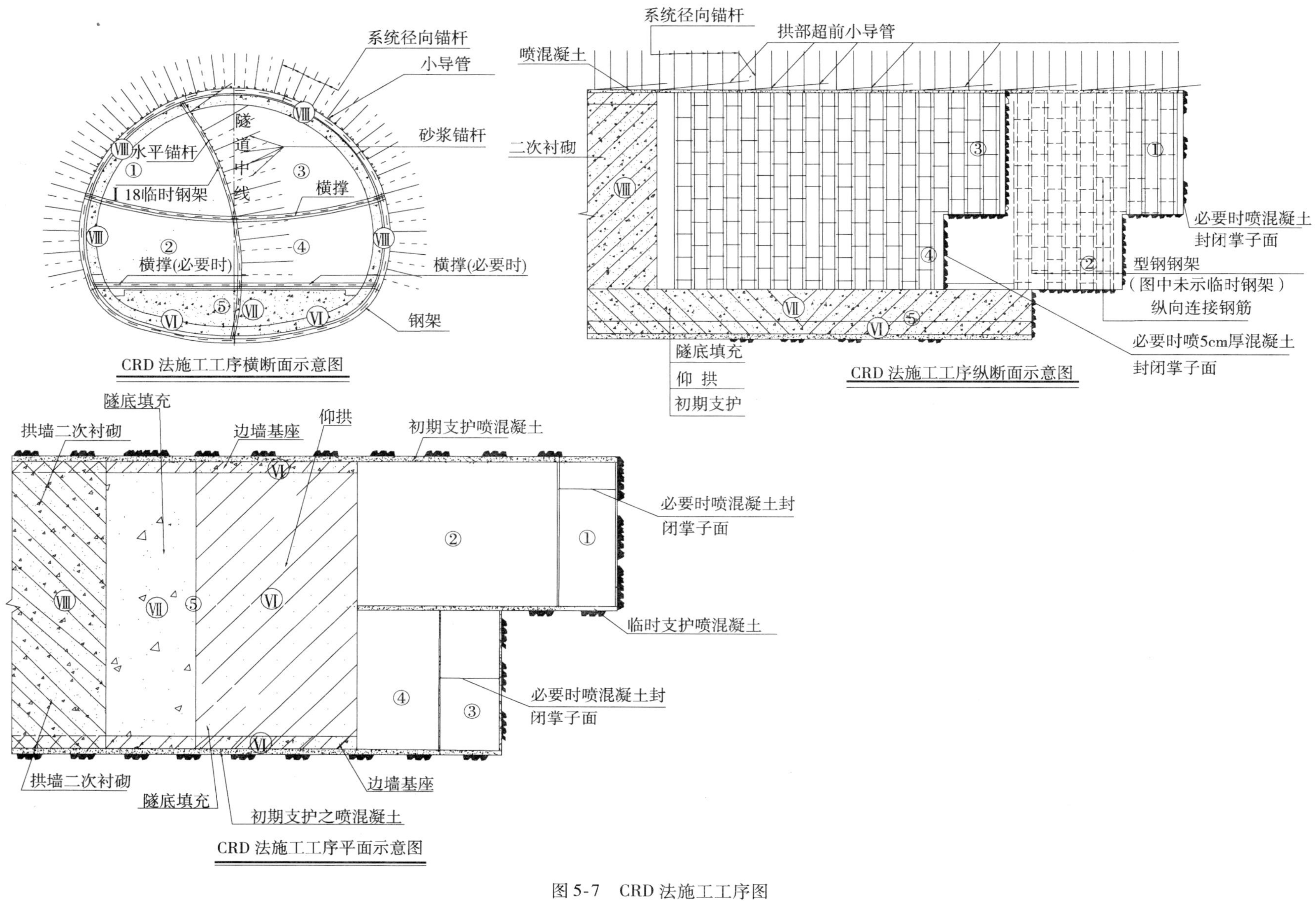

图 5-7 CRD 法施工工序图

不宜大于6m。

(2)中间支护系统的拆除。

中间支护系统的拆除时间应考虑其对后续工序的影响,通过围岩监控量测进行确定。当围岩变形达到设计允许的范围之内,并在严格考证拆除的安全性之后,方可拆除。同时要注意后续作业的及时跟进。

如围岩稳定条件满足设计要求,临时支撑可在仰拱混凝土浇注前一次性拆除。为保证施工安全,限制围岩变形,临时支撑也可推迟到仰拱填充施工完成后防排水系统施作前一次性拆除。

中隔壁混凝土拆除时,要防止对初期支护系统形成大的振动和扰动。可采用风镐拆除钢支撑之间的喷射混凝土,以及临时支护与初期支护连接部位附着在钢架上的喷射混凝土,临时钢构件采用气焊烧断。

5.5.4 双侧壁导坑法

双侧壁导坑法是先开挖隧道两侧的导坑,并进行初期支护,再分部开挖剩余部分的方法。该方法主要应用于大跨度隧道V级围岩浅埋、偏压、断层及洞口地段。

1 双侧壁导坑法施工工艺流程(图5-8)

2 双侧壁导坑法施工工序(图5-9)

(1)利用上一循环架立的钢架施作隧道侧壁小导管及导坑侧壁水平锚杆超前支护。而后机械开挖①部,人工配合整修。必要时喷混凝土封闭掌子面。再施作①部导坑周边的初期支护和临时支护,即初喷混凝土,架立型钢钢架和临时钢架,并设锁脚锚杆,安设横撑。最后安装径向锚杆后复喷混凝土至设计厚度。

(2)在滞后于①部一段距离后,机械开挖②部,人工配合整修。必要时喷混凝土封闭掌子面。而后导坑周边部分初喷混凝土。再接长型钢钢架和临时钢架,安装锁脚锚杆,根据实际地质情况,必要时安设横撑。最后钻设径向锚杆后复喷混凝土至设计厚度。

(3)在滞后于②部一段距离后,机械开挖③部,人工配合整修,并施作导坑周边的初期支护,步骤及工序同(1)。

(4)在滞后于③部一段距离后,机械开挖④部,人工配合整修,并施作导坑周边的初期支护,步骤及工序同(2)。

(5)利用上一循环架立的钢架施作隧道侧壁小导管超前支护。而后机械开挖⑤部,人工配合整修,喷混凝土封闭掌子面。导坑周边初喷混凝土,架立拱部型钢钢架,安装径向锚杆后复喷混凝土至设计厚度。

(6)在滞后于⑤部一段距离后,机械开挖⑥部,人工配合整修。而后喷混凝土封闭掌子面。

(7)在滞后于⑥部一段距离后,机械开挖⑦部,人工配合整修。而后喷混凝土封闭掌子面。

(8)在滞后于⑦部一段距离后,机械开挖⑧部,人工配合整修。而后隧底周边部分初喷混凝土。再接长临时钢架,复喷混凝土至设计厚度。最后拆除下部横撑,安设型钢钢架

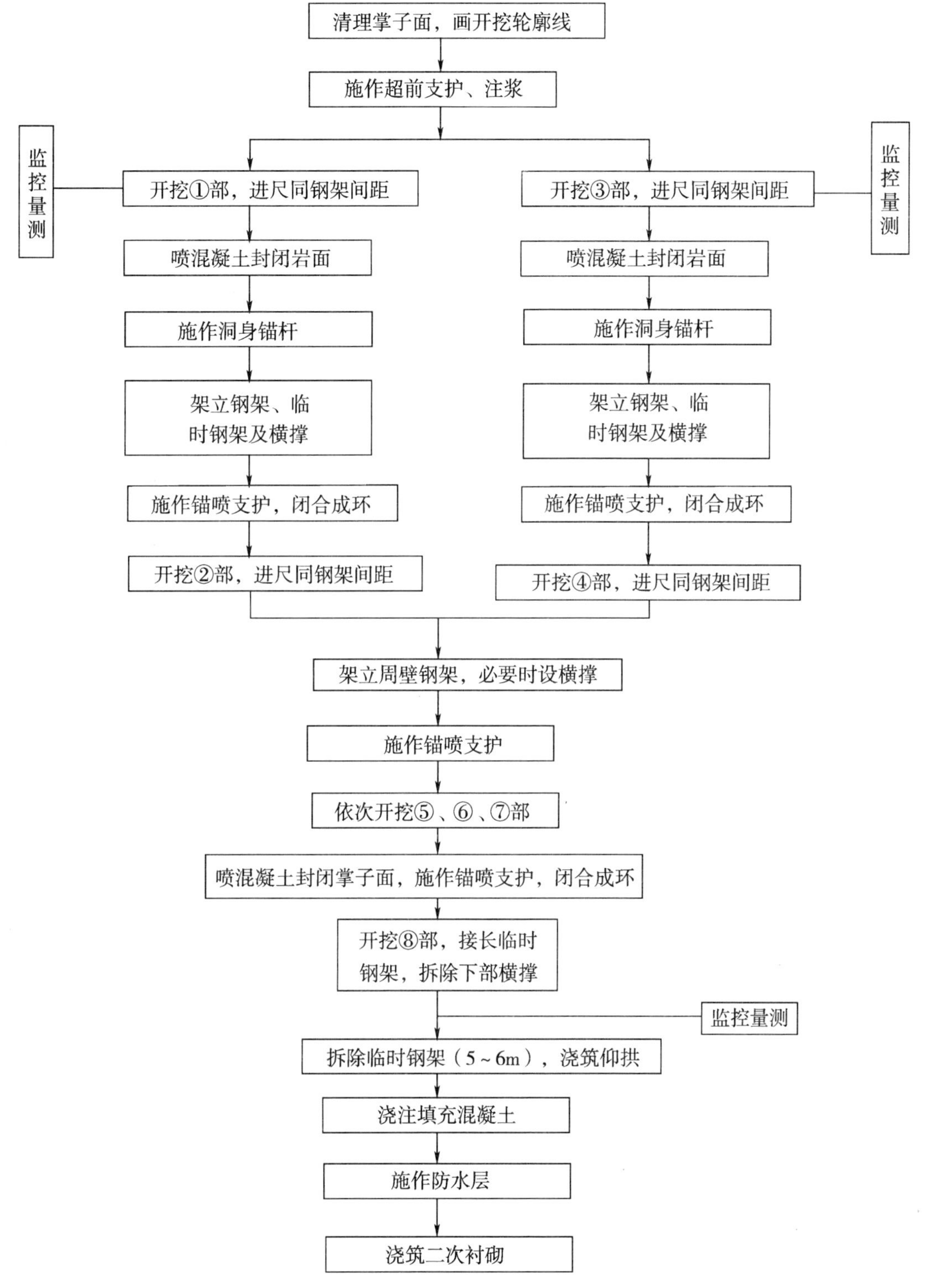

图5-8　双侧壁导坑法施工工艺流程

仰拱单元，使之封闭成环。

(9)根据监控量测结果分析，待初期支护收敛后，拆除临时钢架及上部临时横撑。再利用仰拱栈桥灌注Ⅸ部边墙基础与仰拱混凝土。

(10)灌注仰拱填充Ⅹ部至设计高度。

(11)利用衬砌模板台车一次性灌注Ⅺ部衬砌(拱墙衬砌一次施作)。

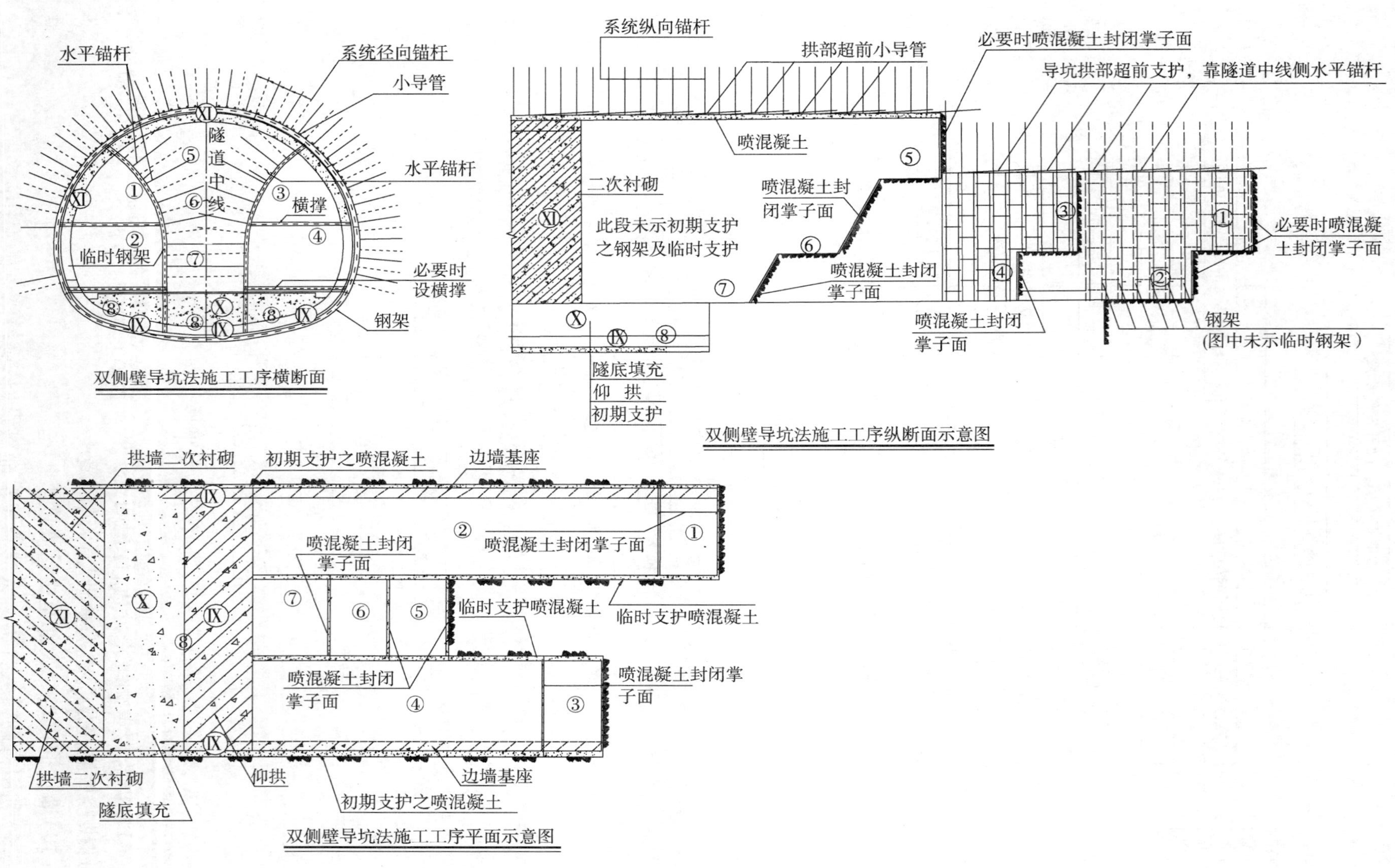

图 5-9 双侧壁导坑法施工工序图

5.5.5　弧形导坑预留核心土法

弧形导坑预留核心土法是先开挖上部导坑成环形，并进行初期支护，再分部开挖剩余部分的施工方法，主要应用于洞口浅埋段、三车道隧道Ⅳ级围岩、两车道隧道Ⅴ级围岩地段的施工。

1　弧形导坑预留核心土法施工工艺流程(图5-10)

2　弧形导坑预留核心土法施工工序说明(图5-11)

(1)开挖前拱部施作超前小导管对拟开挖岩体进行注浆预加固，待浆液达到一定强度后，采用小型挖掘机开挖，预留一定厚度由人工持风镐修边到位。

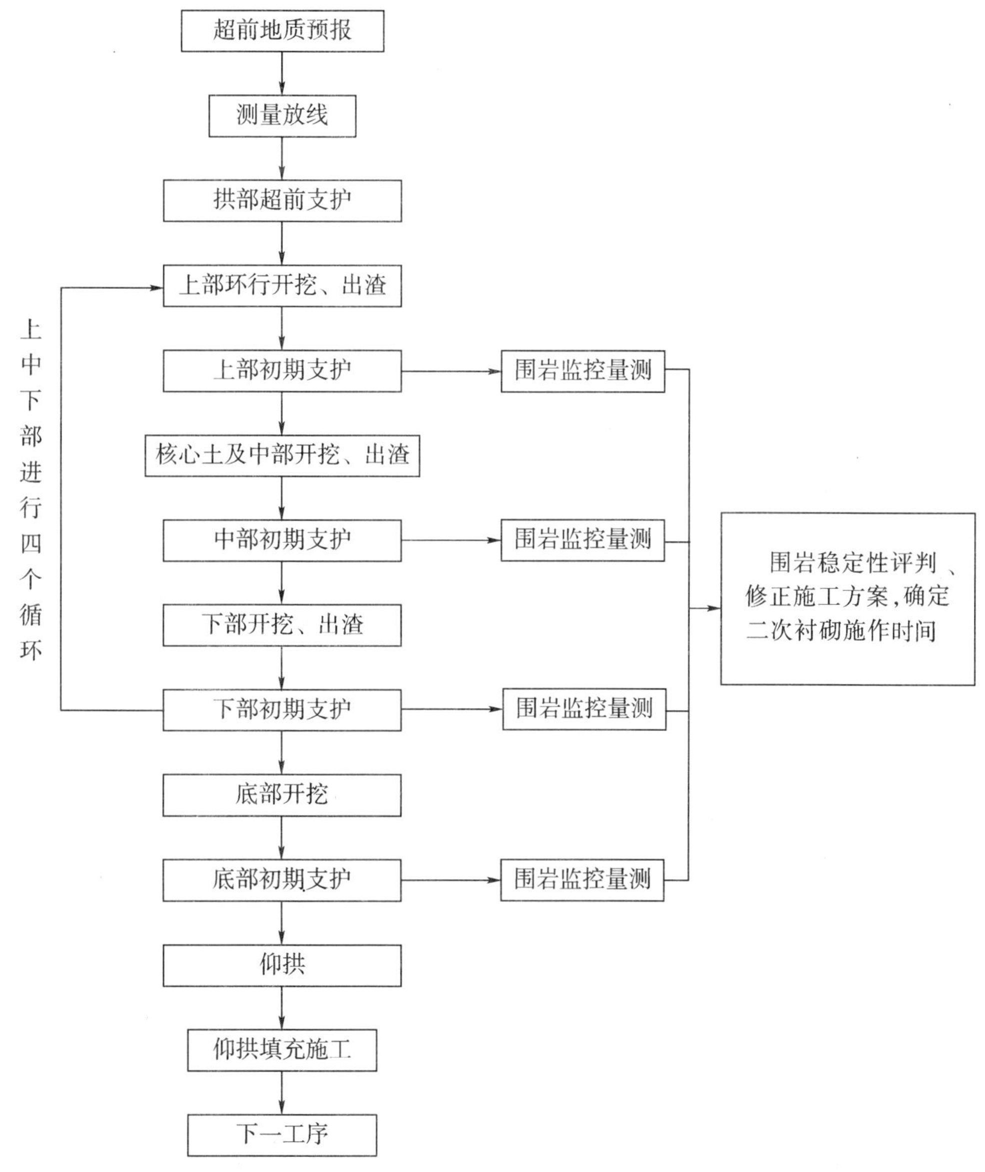

图5-10　弧形导坑预留核心土法施工工艺流程

(2)每一台阶开挖完成后，及时喷射混凝土对围岩进行封闭，施作系统锚杆，设立型钢钢架及锁脚锚杆，最后铺设钢筋网，分层复喷混凝土到设计厚度，必要时各台阶设临时仰拱加强支护，完成一个开挖循环。

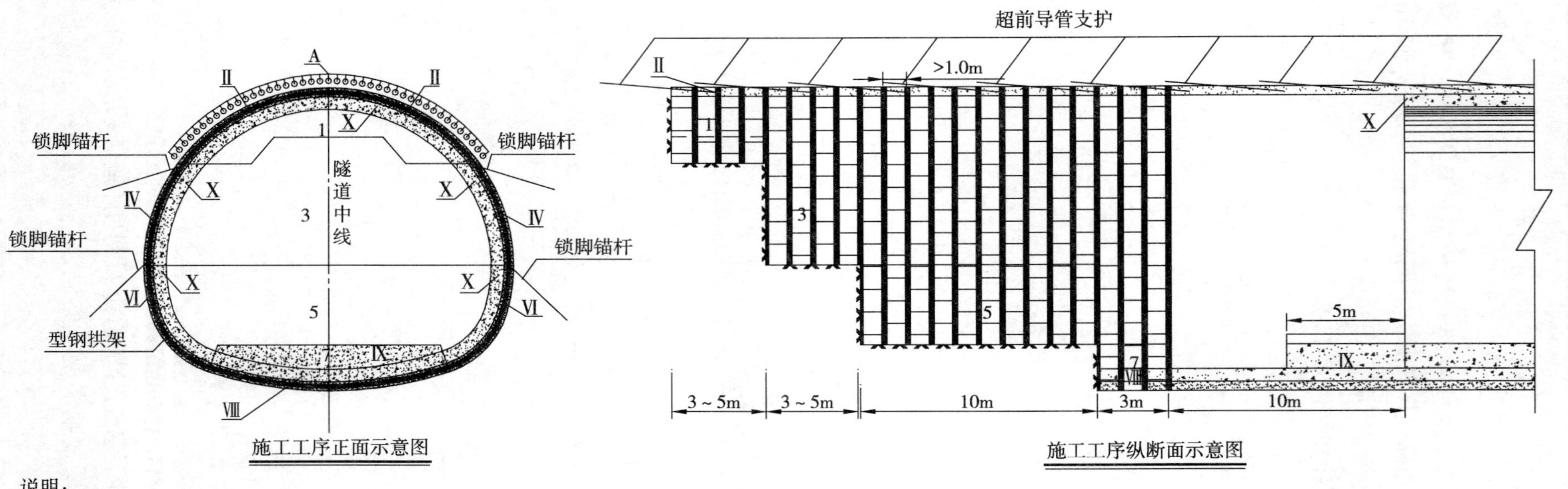

说明：

1.本图为弧形导坑预留核心土法。

2.具体施工顺序如下：

A——拱部小导管超前支护	Ⅵ——下部台阶初期支护
1——上部环形导坑开挖	7——底部开挖
Ⅱ——上部环形导坑初期支护	Ⅷ——底部仰拱支护及衬砌
3——核心土及中部台阶开挖	Ⅸ——仰拱填充
Ⅳ——中部台阶初期支护	Ⅹ——边拱二次衬砌
5——下部台阶开挖	

3.必要时增设临时仰拱；黄土隧道以核心土为基础设立2根临时钢架竖撑以支撑拱顶，核心土根据围岩量测结果适当滞后开挖。

图 5-11　弧形导坑预留核心土法施工工序图

5.5.6 三台阶七步开挖法

1 三台阶七步开挖法是以弧形导坑预留核心土法为基本模式，分上、中、下三个台阶七个开挖面，各部位的开挖与支护沿隧道纵向错开，平行推进的施工方法。

2 三台阶七步开挖法施工工序如图5-12所示。

3 三台阶七步开挖法施工工艺流程如图5-13所示。

4 开挖透视图如图5-14所示。

5 三台阶七步开挖法应符合下列规定：

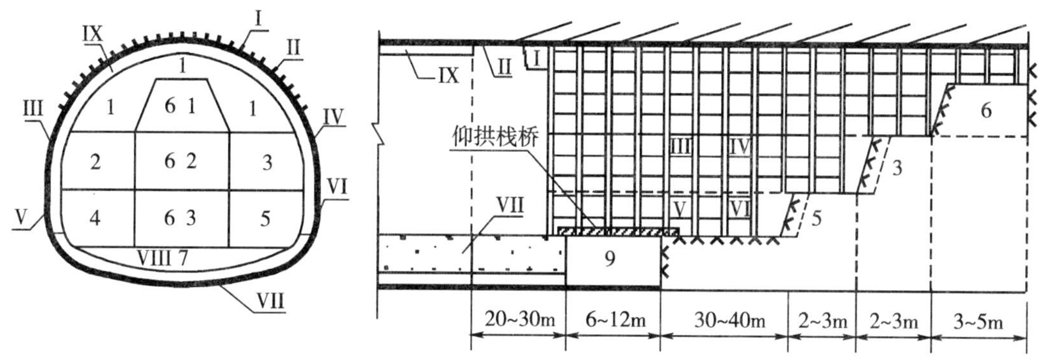

图5-12 三台阶七步开挖法施工工序

1-超前支护；Ⅰ-上部弧形导坑开挖；Ⅱ-上部初期支护；2、3-中部两侧开挖；Ⅲ、Ⅳ-中部两侧初期支护；4、5-下部核心土开挖；Ⅴ、Ⅵ-下部两侧初期支护；6-1、6-2、6-3-上、中、下部核心土开挖；7-仰拱开挖；Ⅶ-仰拱初期支护；Ⅷ-仰拱及填充混凝土；Ⅸ-拱墙二次初砌

(1)三台阶七步开挖法应以机械开挖为主，必要时辅以弱爆破，各分步平行作业，平行施作初期支护，各分部初期支护应衔接紧密，及时封闭成环。

(2)仰拱应紧跟下台阶施作，及时闭合构成稳固的支护体系。

(3)施工过程中应通过监控量测掌握围岩和支护的变形情况，及时调整支护参数和预留变形量，保证施工安全。

(4)应完善洞内临时防排水系统，防止地下水浸泡拱墙脚基础。

(5)拱部超前支护完成后，环向开挖上台阶弧形导坑，预留核心土长度宜为3～5m，宽度宜为隧道开挖宽度的1/3～1/2。开挖循环进尺应根据初期支护钢架间距确定，最大不得超过1.5m，上台阶开挖矢跨比应大于0.3。

(6)中台阶及下台阶左、右侧开挖进尺应根据初期支护钢架间距确定，最大不得超过1.5m，开挖高度宜为3～3.5m，左、右侧台阶错开2～3m。

(7)上、中、下台阶预留核心土开挖进尺与各台阶循环进尺相一致。

(8)仰拱循环开挖长度宜为2～3m，开挖后及时施作仰拱初期支护，完成两个隧底开挖、支护循环后，及时施作仰拱，仰拱分段长度宜为4～6m。

5.6 隧道超欠挖控制措施

5.6.1 根据施工图纸和规范的要求，采取相应的施测方法，建立复核制度，勤测勤量，

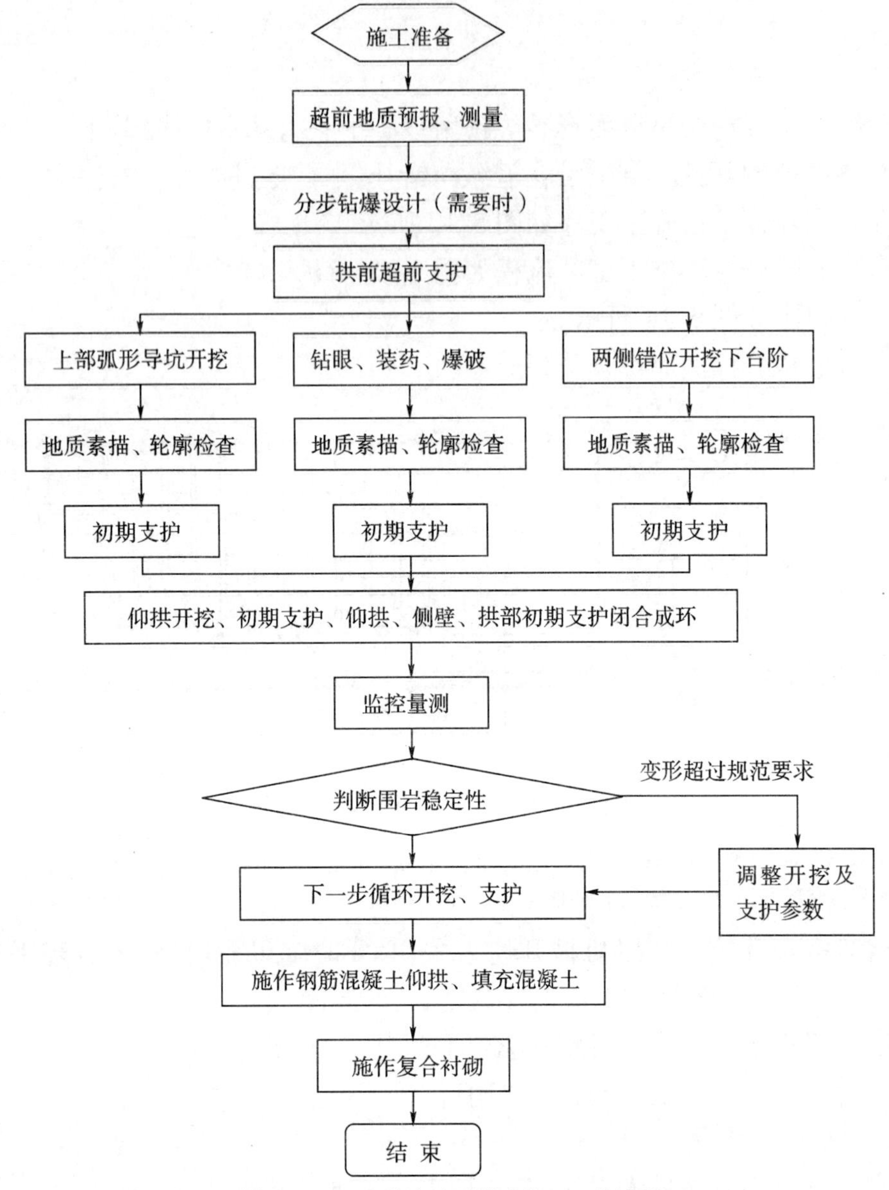

图 5-13　三台阶七步开挖法施工工艺流程

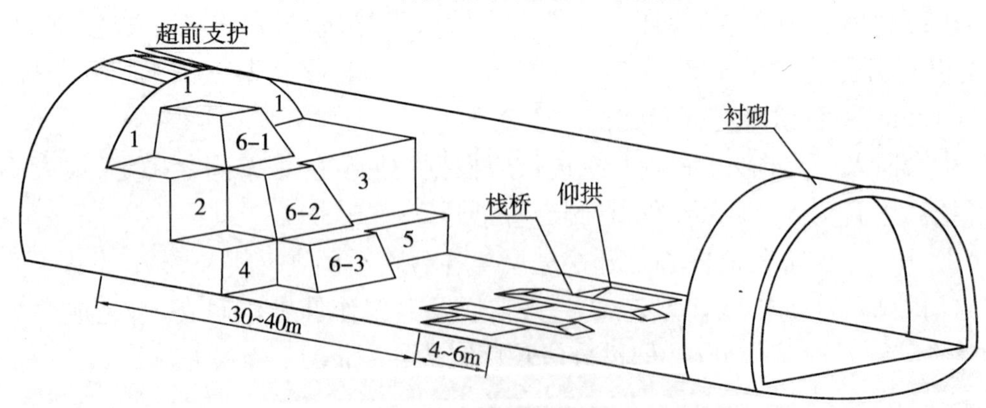

图 5-14　开挖透视图

1-超前支护后,开挖拱部弧形导坑,预留核心土,施作初期支护;2、3-开挖左右侧中台阶并施作初期支护;4、5-开挖左右侧下台阶并施作初期支护;6-分别开挖上、中、下台阶核心土;7-开挖隧底并施作仰拱初期支护封闭成环

保证隧道中线、高程、开挖断面和几何尺寸符合设计要求。

5.6.2　开挖过程中应严格按设计尺寸控制开挖面、不得欠挖；当出现超挖或小规模塌方时，应立即采用喷混凝土或经监理批准的材料回填密实，并做好回填注浆。

5.6.3　在开挖过程中应加强施工管理，合理控制每循环进尺，选择与岩石声阻抗相匹配的炸药品种，利用空孔导向及装药不耦合系数或相应的间隔装药方式有效控制超欠挖。

5.7　钻爆设计

5.7.1　凿孔宜采用凿岩台车，有条件时优先选用由计算机导引的凿岩台车，以提高凿孔精度（包括炮眼的开孔位置、角度、深度）。

5.7.2　掏槽炮眼可采用直眼掏槽或斜眼掏槽。

5.7.3　炮眼布置应符合下列规定：

1　周边眼应沿隧道开挖轮廓线布置，保证开挖断面符合设计要求。底板和仰拱底面采用预留光爆层爆破。

2　辅助炮眼交错均匀布置在周边眼与掏槽眼之间，力求爆破出的石块块度适合装渣的需要。

3　周边炮眼与辅助炮眼的眼底应在同一垂直面上，掏槽炮眼应加深10cm。

5.7.4　石质隧道的爆破作业，应采用光面爆破或预裂爆破。光面爆破和预裂爆破参数应通过试验确定。当无试验条件时，有关参数可参照规范选用。

5.7.5　隧道爆破应根据地质、水文条件选择适当的炸药品种和型号；光面爆破宜选用低密度、低爆速、低猛度或高爆力的炸药，毫秒雷管起爆。

5.7.6　常用的周边眼装药结构有小直径连续装药、间隔装药、导爆索装药和空气柱状装药。一般情况下宜选用小直径连续装药或间隔装药结构；当岩石很软时，可采用导爆索装药结构；当眼深不大于2m时，可采用空气柱状装药结构。

5.7.7　钻眼作业应符合下列规定：

1　炮眼的深度和斜率应符合钻爆设计。掏槽眼眼口间距误差不大于3cm，眼底间距误差不得大于5cm；辅助眼眼口排距、行距误差均不得大于5cm；周边眼眼口位置误差不得大于3cm，眼底不得超出开挖断面轮廓线3～5cm（深眼取大值，浅眼取小值）。

2　当采用凿岩机钻眼时，掏槽眼眼口间距误差和眼底间距误差不得大于5cm；辅助眼眼口排距、行距误差均不得大于10cm；周边眼眼口位置误差不得大于5cm，眼底不得超出开挖断面轮廓线15cm。

3　当开挖面凹凸较大时，应按实际情况调整炮眼深度，使周边眼和辅助眼眼底在同一垂直面上。

4　钻眼完毕，按炮眼布置图进行检查并做好记录，对不符合要求的炮眼应重钻，经检查合格后方可装药。

5　采用凿岩机凿孔，当凿孔高度超过2.0m，都应配备与开挖断面相适应的作业台架进行凿孔；钻孔作业应定人定岗，尤其是周边眼钻工不宜变动。

5.7.8　提高光面爆破效果，除注意地质条件的影响外，应在爆破设计、钻眼准确度等方面采取以下技术措施：

1　周边眼间距与抵抗线的相对距要合理，通常减小周边眼间距和抵抗线，爆破后轮廓成型好（图5-15）。

图5-15　周边眼标记

2　周边眼装药集中度太大易造成超挖；而太小易造成欠挖。装药结构应均匀分布，眼底可相对加强一些。软岩周边眼装药宜采用导爆索或导爆索束。

3　周边轮廓线和炮眼的放样宜采用隧道激光断面仪或其他类似的仪器，及时调整开挖方位及风钻外插角度，精确定位开挖轮廓线。周边轮廓线的放样允许误差为±2cm。

4　减少周边眼开眼误差：硬岩开眼位置在轮廓线上，软岩可向内偏5～10cm。

5　应减小外插角的误差，一般小于3m时外插角的斜率宜为0.05；大于3m时外插角的斜率宜为0.05～0.03；外插角的方向应与该点轮廓线的法线方向相一致。

5.7.9　节理发育的软岩隧道宜采用风镐、破碎锤等机械设备辅助开挖，以保证开挖轮廓面的平整度。

5.7.10　所有装药的炮眼应采用炮泥堵塞，炮泥宜采用炮泥机制作的黏土炮泥，堵塞前应事先将炮泥制成比炮孔直径稍小一点的炮泥条备用，堵塞长度应通过计算确定；浅孔应将余孔全部堵塞。不得采用炸药箱的包装材料等代替炮泥堵塞。

5.7.11　爆破作业时，所有人员应撤至不受有害气体、振动及飞石伤害的安全地点。安全地点至爆破工作面的距离，在独头坑道内不应小于200m；当采用全断面开挖时，应根据爆破方法与装药量计算确定安全距离。

5.7.12　爆破后检查爆破效果,并应符合下列要求:

1　爆破后围岩的稳定情况应符合:硬岩无剥落;中硬岩基本无剥落;软弱围岩无大的剥落或坍塌。

2　开挖轮廓符合设计要求,开挖面平整。

3　爆破进尺达到设计要求,爆出的石块块度满足装渣要求。

4　炮眼痕迹保存率应符合规定并在开挖轮廓面上均匀分布。

5　两次爆破的衔接台阶尺寸应符合设计或规范要求。

6 支护

6.1 一般规定

6.1.1 隧道开挖后应及时进行初期支护及二次衬砌的施工，确保围岩稳定，防止围岩变形过大或发生塌方。

6.1.2 在隧道施工的初喷、初期支护、二衬等环节中应至上而下落实“及时性”原则，确保隧道施工各工序在适当间距下连续均衡流水作业，整体推进。

6.1.3 隧道支护方式应采用动态管理，根据现场监控量测结果及时调整支护措施和支护参数。

6.1.4 实行“初支验收制”，即对自检合格的100～120m初期支护成品路段，由监理单位集中验收。验收的内容应包括空洞、厚度、强度、净空和排水系统，验收合格后方可开始二次衬砌施工（图6-1）。

图6-1 检查初支厚度

6.2 超前支护

6.2.1 基本原则

1 当开挖工作面不能自稳时，应根据隧道地质条件进行超前支护与预加固处理。

2 对于超前支护应按设计间距、外插角、孔位、孔径、孔深、搭接长度、浆液类型、配合比、浆液强度、注浆压力、胶凝时间进行施作，注浆浆液应充满钢管及周围的空隙。

3 应严格按设计文件要求进行管棚加工，杜绝采用有缝钢管、随意减薄管棚壁厚、环向间距随意打设的现象。

6.2.2 超前大管棚施工

1 施工工艺

（1）长管棚一般仅在洞口第一环使用，施工时应先施工护拱（设置导向管），控制好管棚方向，并一次性钻进施工。

(2)钻孔时把套管与钻杆同时钻入隧道顶板前端设计深度。钻孔完结后,先把钻杆取出,套管仍留在孔内供护孔用。

(3)把周边有孔眼的钢管插入套管内,长管棚接头应采用丝扣或套管连接,应确保接头"等强连接",禁止将两管直接对焊。同时,接头应在隧道横断面上错开。

(4)钢管在插进后,再取套管钻进其他孔眼,钢管口端与孔口周壁用水泥密封。

(5)一般石质隧道不用套管;当围岩破碎不能成孔时,用套管。

(6)注浆管用高压将水泥浆液压入钢管内,浆液通过钢管孔眼压注入孔壁的缝隙内,固结附近岩土层,注浆采用先灌注"单"号孔,待固结后,再灌注"双"号孔的方法。

(7)在管棚的支护下,采用与具体工程地质条件相适应的施工方法进行隧道开挖,开挖总长度为管棚总长度的90%。

2 施工注意事项

(1)大管棚施工前应编制详细的专项施工组织设计。

(2)钻孔前,按设计精确画出钻孔位置。

(3)控制钻孔角度,尤其是接长钻杆后钻进角度应严格控制。

(4)注浆时准确掌握浆液配比和注浆压力,注浆前管口端应封堵可靠,并先进行注浆试验,完善施工工艺,杜绝不注浆或少注浆,以免反而使岩体切割加剧,诱发塌方。

(5)超前管棚支护的长度和钢管外径应满足设计要求。纵向搭接长度应不小于3m。

(6)管棚钢管外径宜为70~180mm,单根长4~6m。接长管棚钢管时,接头应在隧道横断面上错开。

6.2.3 超前小导管施工

1 超前小导管(图6-2)在注浆前,应根据设计要求用喷射混凝土将开挖面和5m范围内的坑道封闭,然后沿坑道周边向前方围岩内打入带孔小导管,并通过小导管向围岩内压注水泥浆,在坑道周围形成一定厚度的加固圈,然后在加固圈的保护下进行开挖等作业。

图6-2 超前小导管

2 施工工艺如下:

(1)制作钢花管:超前小导管在构件加工厂制作。前端做成尖锥形,尾部焊接钢筋加劲箍,管壁上交错钻眼。

(2)小导管安装:风动凿岩机钻孔后,将小导管按设计要求插入孔中,围岩软弱地段用游锤或凿岩机直接将小导管沿格栅钢架中部打入,与钢架焊接组成预支护体系。

(3)注浆:无水地段可采用注水泥砂浆注浆,有水地段可采用水泥—水玻璃双液注浆,注浆压力根据具体工程地质条件确定,注浆工艺严格按设计和施工规范进行。注浆参数根据注浆试验结果及现场情况调整。注浆作业中认真填写注浆记录,随时分析和改进作业,并注意观察施工支护工作面的状态。开挖之前试挖掌子面,无明显渗水时,即可进行开挖作业。

6.2.4 超前锚杆施工

1 施工方法:采用钻孔台车或凿岩机钻孔,搅拌机拌制砂浆,注浆泵注浆。

2 施工工艺流程如图6-3所示。

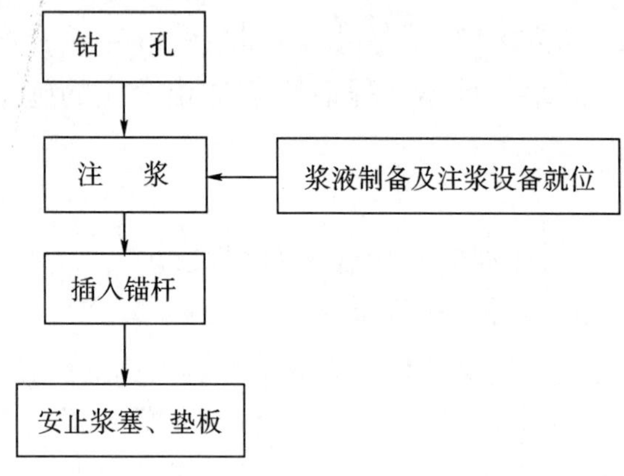

图6-3 超前锚杆施工工艺流程

3 施工要点如下:

(1)用高压风冲洗、清扫锚杆孔,确保孔内不留石粉,不得用水冲洗钻孔。

(2)注浆:浆液采用搅拌机按配合比拌制。在钻孔结束后,通过注浆泵将预先制作好的砂浆注入到孔内,在砂浆饱满后,停止注浆。

(3)安装:注浆结束后,将锚杆插入到孔中,并加设垫板拧紧。

6.3 喷射混凝土

6.3.1 隧道爆破开挖、清理危石后,施工单位应及时进行初喷,初喷厚度不小于设计和施工规范要求。初期支护喷射混凝土要平整密实,2m直尺检查平整度不超过5cm。

6.3.2 喷射混凝土不得采用干喷工艺,必须采用湿喷的施工工艺,严禁采用“模喷”工艺,自动计量拌和站拌和、随拌随喷,喷射混凝土厚度、强度必须满足设计要求;严禁选用具有潜在碱活性集料。

6.3.3 衬砌必须采用全新的全液压整体式模板台车,模板台车的几何尺寸应符合设计要求,移动方便并具有足够的强度、刚度和稳定性,模板表面光滑、接缝严密平顺、不漏浆。模板表面应在浇注混凝土前涂刷经过批准的脱模剂。

6.3.4 注意事项如下:

1 开机时应先开风阀，再依次开计量泵、振动棒、主机。

2 喷射完成后应先关主机，再依次关闭计量泵、振动棒和风阀，然后用清水将机内、输送管路内的残留物清除干净。

3 严格控制水灰比，经常检查速凝剂注入环的工作状况，发现问题及时处理。

4 如发生堵管现象，则必须先关闭主机，然后才能进行处理。

5 液态速凝剂属碱性，作业中要加强劳动保护，防止灼伤作业人员皮肤。

6 喷射作业分段分片依次进行，喷射顺序自下而上，分段长度不大于6m。

7 分层喷射时，后一层喷射在前一层混凝土终凝后进行；若终凝1h后再进行喷射时，先用风水清洗喷层表面。喷射混凝土的一次喷射厚度：拱部不大得超过80mm，侧壁不得超过100mm。

8 在喷射侧壁下部（台阶法施工上半断面拱脚）及仰拱时，需将上半断面喷射时的回弹物清理干净，防止将回弹物卷入下部喷层中形成“蜂窝”，而降低支护强度。

6.4 锚杆

6.4.1 锚杆施工应符合现行《锚杆喷射混凝土支护技术规范》（GB 50086）的有关规定。

6.4.2 根据地质条件、使用要求及锚固特性选择锚杆，所有锚杆均应设钢垫板；经监理工程师批准，可将锁脚锚杆与拱架焊接成L形以代替钢垫板。为使锚杆方位垂直于岩面，要求采取定点定位法，即在初喷岩面上用喷漆作点，确定锚杆方位（图6-4）。

6.4.3 锚杆施工（图6-5）应在初喷混凝土后进行，以保证锚杆垫板有较平整的基面。经监理工程师批准，普通砂浆锚杆可由锚固药包锚杆代替，但锚固药包自身品质须符合有关规定，其施工符合规范要求。

图6-4 锚杆定位

图6-5 锚杆施作

6.4.4 锚杆钻孔位置及孔深必须准确；锚杆要除去油污、铁锈和杂质。

6.5 钢筋网

6.5.1 钢筋网施工应符合现行《锚杆喷射混凝土支护技术规范》(GB 50086)的规定。

6.5.2 锚杆钻孔结束后,施工技术人员和监理工程师验收合格后,将锚固剂填塞满钻孔,然后安装长度合格的锚杆,锚杆安设完后,安设网片,网片和锚杆固定,以不晃动为宜,安装时注意网片尽量紧贴初喷面及搭接尺寸应大于20cm。

6.5.3 钢筋网材料应满足设计要求,钢筋搭接长度不得小于35倍钢筋直径,并不得小于网格长边尺寸,宜为1~2个网格,采用焊接(图6-6)。

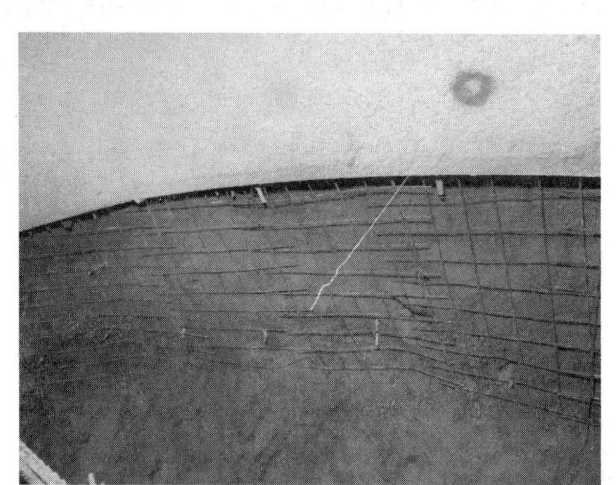

图6-6 铺设钢筋网

6.5.4 钢筋应冷拉调直后使用,钢筋表面不得有裂纹、油污、颗粒或片状锈蚀。

6.5.5 铺设钢筋网应符合下列要求:

1 钢筋网应在初喷混凝土后铺设,钢筋网应与锚杆连接牢固,且钢筋保护层厚度不得小于2cm。

2 砂层地段应先加铺钢筋网,沿环向压紧后再初喷混凝土。

3 钢筋网应随受喷面的起伏铺设,与受喷面的间隙一般不大于3cm。与锚杆或其他固定装置连接牢固。

4 开始喷射时,应减小喷头至受喷面的距离,并调整喷射角度,钢筋网保护层厚度不得小于2cm。

5 喷射中如有脱落的石块或混凝土块被钢筋网卡住时,应及时清除后再喷射混凝土。

6.6 钢架

6.6.1 钢架施工应符合现行《公路隧道施工技术规范》(JTG F60—2009)的规定。

6.6.2 钢架宜选用钢筋、型钢、钢轨等制成。型钢钢架应采用冷弯成型;格栅钢架应采用胎模焊接。所有钢筋节点必须采用焊接,焊接长度应不小于40cm,对称焊。

6.6.3 钢架加工的焊接不得有假焊,焊缝表面不得有裂纹、焊瘤等缺陷。

6.6.4 钢架加工尺寸应符合设计要求,其形状应与开挖断面相适应。

6.6.5 每榀钢架加工完成后应放在水泥地面上试拼,周边拼装允许误差为 ±3cm,平面翘曲应小于2cm(图6-7)。

图6-7 钢拱架拼装

6.6.6 钢架应在开挖或喷混凝土后及时架设。

6.6.7 钢架安装应符合下列要求:

1 安装前应清除底脚下的虚渣及杂物。钢架安装允许偏差:钢架间距、横向位置和高程允许偏差为 ±5cm,垂直度允许误差为 ±2°。

2 钢架拼装可在开挖面以外进行,各节钢架间以高强螺栓连接,连接板应密贴。

3 沿钢架外缘每隔2m应用钢楔或混凝土预制块楔紧。

4 钢架底脚应置于牢固的基础上,基岩松软、破碎时,拱脚要垫设钢板或槽钢。钢架应尽量密贴围岩初喷混凝土并与锚杆焊接牢固,钢架之间应按设计纵向连接。

6.6.8 分部开挖法施工时,钢拱架拱脚应打设锁脚锚杆,锚杆长度不小于3.5m,数量为2~4根。下半部开挖后钢架应及时落底接长,封闭成环。黄土隧道锁脚采用锁脚锚管效果较好。

6.6.9 钢架与围岩间的间隙应用喷混凝土充填密实,先喷射钢架与围岩间的空隙,再喷射钢架与钢架间的混凝土,钢架与喷混凝土形成一体,各种形式的钢架应全部被喷射混凝土覆盖,保护层厚度不得小于40mm。

7 装、运与弃渣

7.0.1 装渣运输设备的选型配套应使装渣能力、运输能力与开挖能力相匹配，并保证运输能力高于装渣能力、装渣能力大于开挖能力，其运输机械配置能力不应小于挖装能力的1.2倍。

7.0.2 装渣宜采用挖掘机、装载机、回转式的电动装载机械，运输宜采用带净化装置的柴油自卸汽车。全断面开挖装渣应采用大斗容的铲装机、挖装机或装载机；台阶法施工的上部宜采用长臂挖掘机扒渣，下部采用铲装机、挖装机或装载机、挖掘机装渣。

7.0.3 斜井运输提升设备及辅助设施应根据斜井断面大小、斜井坡度等条件合理配置。有轨斜井井身装渣宜用耙斗式装岩机或专用挖掘机，运渣宜用大容量侧卸式矿车或箕斗，提升应配以安全设备齐全的大型提升机，并在井口设置与其配套的卸渣栈桥；无轨斜井可采用装载机或挖掘机装渣，采用大功率的自卸汽车出渣。

7.0.4 在隧道内主要交叉口配置24h安全员，并在运输路段内及台车(架)突出部位设置醒目交通警告标志(图7-1)。同时，凡隧道内施工人员及相关工作人员，必须佩戴安全帽及贴有反光条的工作服，确保交通安全。

图7-1 衬砌台车安全标志

7.0.5 运输线路应设专人按标准要求进行维修和养护，使其经常处于良好状态，线路两侧的废渣和杂物应随时清除。

7.0.6 对于长、特长及易吸水软化围岩隧道，在未设置仰拱的路段，应在隧底设置20cm C20素混凝土找平层，以提高运输效率，保证路面质量。

7.0.7 隧道弃渣场应结合当地自然环境、水土保持、人文景观、运输条件、弃渣利用等因素综合考虑。弃渣场应做好挡墙护坡、排水系统、绿化覆盖等配套设施，并与地方政府环保、水保部门密切配合,确保验收通过。

7.0.8 施工单位应设置机械设备维修班,做好设备后勤保障;并设立机械总调度长,对现场资源进行统一调配,充分发挥机械设备的效率。

8　二次衬砌

8.1　一般要求

8.1.1　隧道仰拱和二次衬砌距掌子面距离应按照设计要求执行;如设计文件未进行要求,可按下列围岩情况控制:

1　黄土和含水率较大、易风化的千枚岩隧道:

洞口段:仰拱距掌子面距离不大于1/2大管棚长度。

Ⅴ级围岩:仰拱距掌子面距离不大于30m;

二次衬砌距掌子面距离不大于50m。

Ⅳ级围岩:仰拱距掌子面距离不大于50m;

二次衬砌距掌子面距离不大于80m。

Ⅱ、Ⅲ级围岩:二次衬砌距掌子面距离不大于120m。

2　其他石质隧道:

Ⅴ级围岩:仰拱距掌子面距离不大于50m;

二次衬砌距掌子面距离不大于80m。

Ⅳ级围岩:仰拱距掌子面距离不大于80m;

二次衬砌距掌子面距离不大于120m。

Ⅱ、Ⅲ级围岩:二次衬砌距掌子面距离不大于120m。

8.1.2　为保证衬砌工程质量,隧道一般地段(含洞身、明洞、加宽段)的二衬施工必须采用全断面模板台车和泵送作业。

8.1.3　二衬作业面距铺底作业面距离一般为30m,距矮边墙作业面距离一般为50m,以保证正常二衬施工进度。

8.1.4　二衬施工前须对初期支护断面进行激光测量,对不符合要求的进行处理。

8.1.5　洞内出现的地下水,经化验确认对衬砌结构有侵蚀性时,应按图纸要求针对不同侵蚀类型采取不同类型的抗侵蚀性混凝土。设计无要求时,应及时上报变更处理。

8.1.6　当围岩级别有变化时,衬砌断面的级别亦应相应变化,但需获得监理工程师批准。围岩较差地段的衬砌,应向围岩较好地段伸延,一般伸延长度为5m。

8.1.7　隧道防排水设施、预埋件及预留洞室模板等的安装质量要符合设计及规范要求。

8.1.8　项目管理处要委托有资质的专业检测单位对二衬钢筋、保护层厚度、空洞情况进行检测。对检查不合格的项目,施工单位必须进行整改处理。

8.1.9　为确保衬砌不侵入隧道建筑限界,在放样时可将设计的轮廓线适当予以扩大。

8.1.10　对已完成的衬砌地段,应继续观察二衬的稳定性,注意变形、开裂、侵入净空等现象,及时记录。

8.2　施工工艺流程

二次衬砌施工工艺流程如图8-1所示。

8.3　施工要点

8.3.1　衬砌模板台车

1　台车制作

(1)二次衬砌施工(含加宽段)应采用全液压自动行走的整体衬砌台车。衬砌台车应结构尺寸准确,各种伸缩构件、液压系统、电气控制系统运行良好;应满足自动行走要求,并有闭锁装置,保证定位准确。

(2)二衬台车必须在隧道进洞前进场,连拱隧道、小净距隧道一端必须要有两部二衬台车,以确保左右线开挖、二衬的合理步距,确保结构安全。

对加宽段处在Ⅳ、Ⅴ级围岩段落的,应专门配备加宽段整体衬砌台车,以确保加宽段二衬及时施作。

(3)台车整体模板(图8-2)板块由面板、支撑骨架、铰接接头、作业窗等组成。当衬砌断面较大,所承受荷载较大时,支撑骨架应制成桁架结构,并尽量减少板块接缝数量。模板及支架应具有足够的强度、刚度、稳定性和抗上浮能力,能安全地承受所浇注混凝土的重力、侧压力以及在施工中可能产生的各项荷载。模板不凹凸、支架不偏移、不扭曲,满足多次重复使用不变形。台车设计应便于整体移动、准确就位。

(4)台车模板支撑桁架门下净空应满足隧道衬砌前方施工所需大型设备通行要求;桁架各层平台的高度要满足混凝土施工要求,利于人工进行安管、混凝土捣固等施工作业,必须要有上下行的爬梯。

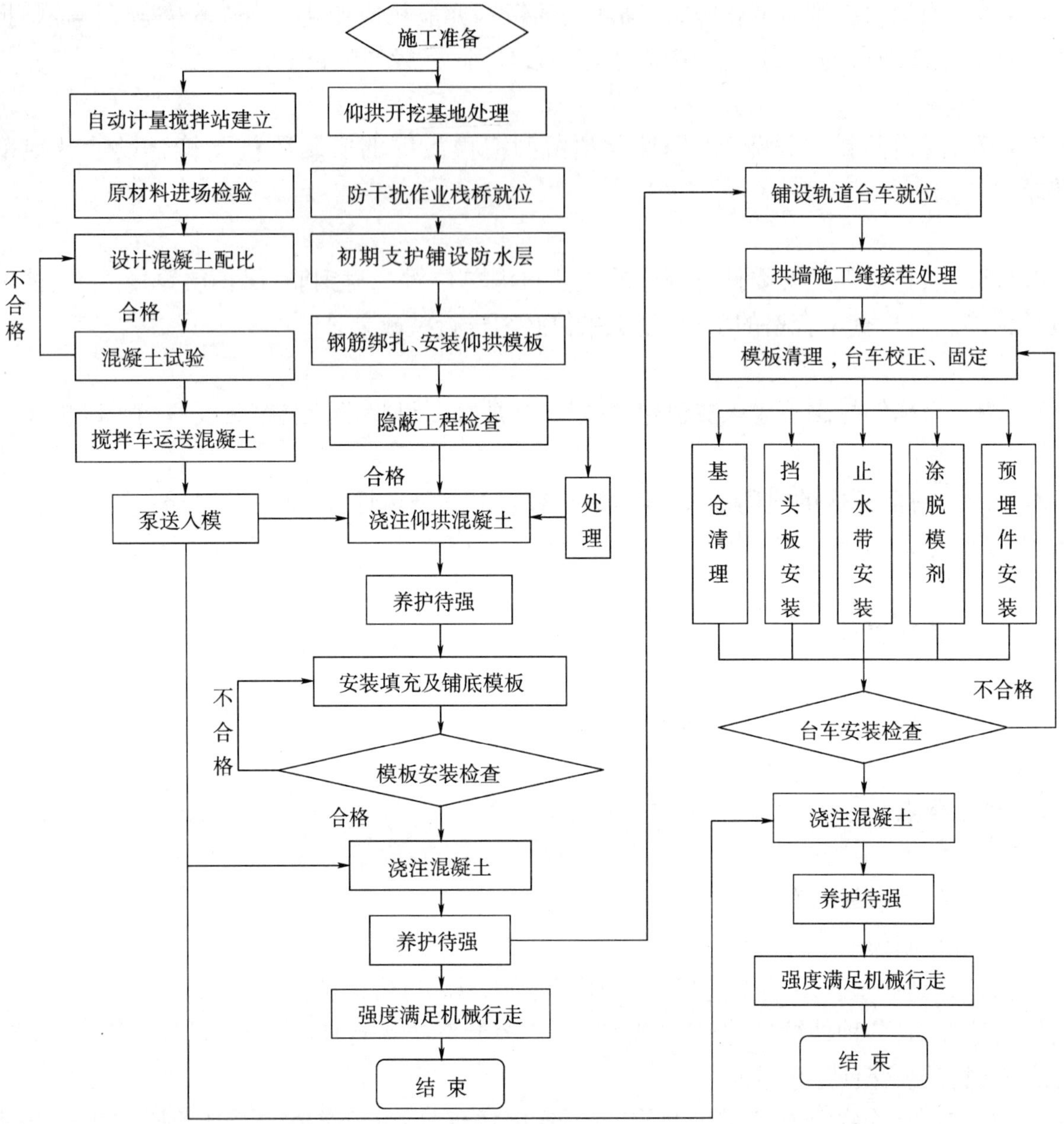

施工准备

自动计量搅拌站建立 → 原材料进场检验 → 设计混凝土配比 →（合格）混凝土试验（不合格 → 设计混凝土配比）→ 搅拌车运送混凝土 → 泵送入模

仰拱开挖基地处理 → 防干扰作业栈桥就位 → 初期支护铺设防水层 → 钢筋绑扎、安装仰拱模板 → 隐蔽工程检查（合格）→ 浇注仰拱混凝土（不合格 → 处理 → 浇注仰拱混凝土）→ 养护待强 → 安装填充及铺底模板 → 模板安装检查（不合格 → 安装填充及铺底模板；合格）→ 浇注混凝土 → 养护待强 → 强度满足机械行走 → 结 束

铺设轨道台车就位 → 拱墙施工缝接茬处理 → 模板清理，台车校正、固定 → 基仓清理 / 挡头板安装 / 止水带安装 / 涂脱模剂 / 预埋件安装 → 台车安装检查（不合格 → 模板清理，台车校正、固定）→ 浇注混凝土 → 养护待强 → 强度满足机械行走 → 结 束

图 8-1 二次衬砌施工工艺流程

(5)为保证衬砌净空，模板外径应考虑变形量适当扩大，作为预留沉降量。

(6)两车道二衬台车面板钢板厚应不小于 10mm；三车道隧道二衬台车面板钢板厚应不小于 12mm；四车道的二衬台车必须经过计算，邀请有关专家研究审查后定制。为减少二衬模板间痕迹，外弧模板每块钢板宽度推荐采用 2m，但不应小于 1.5m，板间接缝按齿口搭接或焊接打磨。

为确保二衬台车具有一定的刚度和强度，推荐两车道台车每延米质量应不低于 6.8t，三车道台车每延米质量应不低于 8.5t。

图 8-2 台车模板

(7)应在二衬台车3m、5.3m、拱顶处设置作业窗。作业窗口间距纵向不宜大于3m,横向不宜大于2.5m,窗口尺寸50cm×50cm,且应整齐划一;作业窗周边应加强,防止周边变形,窗门应平整、严密、不漏浆。

(8)二衬台车的长度应根据隧道的平面曲线半径、纵坡合理选择,长度一般为10~12m。对曲线半径小于1200m的台车,长度不应大于9m。

(9)衬砌台车应工厂制造、现场拼装,现场拼装时应检查其中线、断面和净空尺寸等;衬砌前对模板表面进行彻底打磨,清除锈斑,涂油防锈;对模板板块拼缝进行焊连并将焊缝打磨平整,抑制使用过程中模板翘曲变形而影响混凝土表面质量,避免板块间拼缝处错台。

(10)对已使用过的二衬台车的各种伸缩构件、液压系统、电气控制系统运行状况进行严格的调试,确保使用状态良好,否则应予更换。对已使用过的二衬台车,必须更换新的外弧模板,并经专业模板厂家整修合格。

2　台车拼装调试及施工过程加固要求

台车拼装后调试对二衬混凝土外观质量十分重要,要求如下:

(1)二衬台车现场拼装完成后,必须在轨道上往返走行3~5次后,再次紧固螺栓,并对部分连接部位加强焊接以提高其整体性。

(2)检查台车模板尺寸要求准确,其两端的结构尺寸相对偏差宜不大于3mm,否则需进行整修。

(3)衬砌前对钢模板表面采用抛光机进行彻底打磨,清除锈斑,涂油防锈。

(4)挡头模板应满足承受混凝土压力的刚度,厚度应适当加厚,安装稳固、严密。

(5)施工过程中出现二衬错台,应暂停二衬施工,全面查找原因,重点查找台车就位加固措施是否有效、混凝土输送管是否固定、挡头模板或两边模板是否变形等,要及时整修加固,经监理工程师同意后方可继续二衬施工。

(6)每施作衬砌500~600m,台车应全面校验一次。校验可在隧道加宽带进行。

3　台车的审批验收

台车的审批验收共分为两阶段,由总监办组织成立专门的审批验收小组,对每座隧道的隧道二衬台车进行审批验收。

第一阶段(二衬台车进场前报批):施工单位进场后应立即着手进行二衬台车进场前的准备工作,进场前两个月内向总监办上报拟进场二衬台车的数量、台车长度、外观几何尺寸、新旧程度、面板厚度及每块板的宽度,每台台车质量等主要台车参数,经总监办批准许可后方可组织进场。

第二阶段(二衬台车验收):二衬台车进场后,由施工单位填写验收表,并报总监办,总监办应在7个工作日内依据批复的二衬台车进场许可对施工单位进场的二衬台车进行验收,验收合格后,施工单位进行二衬台车的拼装调试,调试成功后,报总监办组织验收,若验收发现问题施工单位应及时整改,待整改并验收合格后才能移入洞内进行二衬施工。

8.3.2　二衬混凝土的性能要求及配合比设计要点

1　性能要求

(1)各种原材料及外加剂满足规范和设计要求。

(2)流动性好、坍落度衰减慢、初凝时间相对较长、终凝时间相对较短,以满足泵送混凝土施工要求,减少裂纹出现。

(3)干缩性小,满足抗渗性要求。

(4)水化热低且水化热峰值发生在混凝土达到一定强度之后,以承受由于水化热产生的温度应力。

(5)混凝土有早强性能,特别是拱肩部位,以利于模板早拆,满足衬砌快速施工需要。

2　配合比设计要点

(1)配合比根据原材料质量及设计混凝土所要求的强度、耐久性、抗渗指标、施工和易性、凝固时间、运输灌注和环境温度条件通过试配确定,推荐采用“双掺”技术。

(2)混凝土坍落度一般控制在 13 ~ 18cm,墙部混凝土坍落度宜小,拱部混凝土坍落度宜大。在保证混凝土可泵性的情况下,宜尽量减小混凝土的坍落度,并提高混凝土的和易性、保水性,避免混凝土泌水。

(3)配合比设计时应采取措施以避免反弧部位混凝土出现气泡、麻面等质量通病的发生。

8.3.3　矮边墙施工

1　矮边墙顶面高程按台车侧模底部高程确定;施工时按规范预埋连接钢筋或榫石,并对与二衬混凝土接触面进行凿毛,在围岩变化处设置好沉降缝;二衬混凝土浇注前用水将其表面湿润,清除杂物。边墙模板应采用一次成型的弧形钢模。

2　如二衬与矮边墙同时浇筑,要求二衬台车下增加矮边墙模板。

3　对设计有二衬钢筋的段落,预埋的接地扁铁应与钢筋焊接,无衬砌钢筋的也应尽量与锚杆头进行焊接,以确保接地电阻满足设计要求。

4　注意按设计布设纵向透水盲管及其与沉砂井的连接管,预留环向软式透水盲管和防水板接头,以及设置预埋件和预留洞室等。

8.3.4　二次衬砌钢筋

1　钢筋须集中加工、统一配送。

2　钢筋安装应满足设计及国家相关技术规范、标准要求。

3　钢筋制作必须按设计轮廓进行大样定位。

4　为确保二衬钢筋定位准确、钢筋保护层厚度符合要求,需采取以下措施:

(1)先由测量人员用坐标放样在调平层及拱顶防水层上定出自制台车范围内前后两根钢筋的中心点,确定好法线方向,确保定位钢筋的垂直度及与仰拱预留钢筋连接的准确度。钢筋绑扎的垂直度采用三点吊垂球的方法确定。

(2)用水准仪测量调平层上定位钢筋中心点高程,推算出该里程处圆心与调平层上中心点的高差，采用自制三角架定出圆心位置。

(3)圆心确定后，采用尺量的方法检验定位钢筋的尺寸是否满足设计要求，对不满足要求位置重新进行调整，全部符合要求后固定钢筋。钢筋固定采用自制台车上由钢管焊接的可调整的支撑杆控制。

(4)定位钢筋固定好后，根据设计钢筋间距在支撑杆上用粉笔标出环向主筋布设位置，在定位钢筋上标出纵向分布筋安装位置，然后开始绑扎此段范围内钢筋。各钢筋交叉处均应绑扎。

5　钢筋保护层应全部采用高强砂浆垫块来控制，不得使用塑料垫块。

6　要求主筋纵向间距、分布筋环向间距、内外层横向间距、保护层厚度符合设计要求。

8.3.5　预留洞室和预埋件

预留洞室模板及预埋件在钢筋混凝土衬砌地段，宜固定在钢筋骨架上；在无筋衬砌地段采取在衬砌台车模板上钻孔，用螺栓固定。

预留洞室模板宜采用钢模，承托上部混凝土重量时应加强支撑，确保混凝土成型质量合格。

8.3.6　台车就位

1　台车模板就位前应仔细检查防水板、排水盲管、衬砌钢筋、预埋件等隐蔽工程并做好记录；台车就位后应检查其中线、高程及断面尺寸等并做好记录。

2　台车模板定位采用五点定位法，即：以衬砌圆心为原点建立平面坐标系，通过控制顶模中心点、顶模与侧模的铰接点、侧模的底脚点来精确控制台车就位。曲线隧道应考虑内外弧长差引起的左右侧搭接长度的变化，以使弧线圆顺，减少接缝错台。

3　台车模板应与混凝土有适当的搭接(≥10cm，曲线地段指内侧)，撑开就位后检查台车各节点连接是否牢固，有无错动移位情况，模板是否翘曲或扭动，位置是否准确，保证衬砌净空。为避免在浇注边墙混凝土时台车上浮，必须在台车顶部加设木撑或千斤顶；同时检查工作窗状况是否良好。

4　衬砌台车必须由经培训过的台车司机专人操作，对控制面板、油路、顶缸等重点部件要加强管理维修。

5　风水电管路通过衬砌台车时，应按规范操作，并布置整齐；照明应满足混凝土捣固等操作需要；管线台车施工区域内的临时改移，要加强洞内外的联系，班组间密切配合，提高操作人员安全教育，设专人巡查，严防触电及管路伤人事故。

6　台车作业地段进行吊装作业时，应有专人监护，统一指挥，并设标志，禁止通行。

8.3.7　安装挡头模板、止水带等

1　台车端部的挡头模板应按衬砌断面制作以保证设计衬砌厚度，并可适当调整以适应其不规则性，其单片宽度不宜小于300mm，厚度不小于30mm。

2　挡头模板结构应能保证衬砌环接缝榫接，以保证接头处质量，增强其止水功能。

3　挡头板应定位准确、安装牢固，其与岩壁间隙应嵌堵紧密。

4　挡头板顶部应留有观察小窗口，以观察封顶混凝土情况。

5　止水带等安装见本指南防水与排水的相应内容。

8.3.8　混凝土施工

1　二衬混凝土灌注前应重点检查以下几点：

(1)复查台车模板及中心高是否符合要求，仓内尺寸是否符合要求。

(2)台车及挡头模安装定位是否牢靠。

(3)衬砌钢筋、防水板、排水盲管、止水带等安装是否符合设计及规范要求。

(4)模板接缝是否填塞紧密。

(5)脱模剂是否涂刷均匀。

(6)基仓清理是否干净，施工缝是否处理。

(7)预埋件、预留洞室等位置是否符合要求。

(8)输送泵接头是否密闭，机械运转是否正常。

(9)输送管道布置是否合理，接头是否可靠。

2　混凝土浇注采用泵送浇注工艺，机械振捣密实。

(1)混凝土拌制前，应测定砂石含水率并根据测试结果调整材料用量，提出施工配合比。

拌制混凝土拌合物时，水泥质量允许偏差为±1%，集料质量允许偏差为±2%，水及外加剂质量允许偏差为±1%。

(2)混凝土浇注前，必须将基底石渣、污物、基坑内积水排除干净，严禁向有积水的基坑内倾倒混凝土干拌合物。

(3)泵送混凝土前应采用按设计配合比拌制的水泥浆或按集料减半配制的混凝土润滑管道。

(4)混凝土应采用混凝土搅拌运输车运输，确保在运送过程中不产生离析、洒落及混入杂物。

(5)混凝土由下至上分层、左右交替、从两侧向拱顶对称灌注。每层灌注高度、次序和方向应根据搅拌能力、运输距离、灌注速度、洞内气温和振捣等因素确定。为防止浇注时两侧侧压力偏差过大造成台车移位，两侧混凝土灌注面高差宜控制在50cm以内，同时应合理控制混凝土浇注速度。

(6)浇注混凝土应尽可能直接入仓，混凝土输送管端部应设接软管控制管口与浇注面的垂距，混凝土不得直冲防水板板面流至浇注位置，垂距应控制在1.2m以内，以防混凝土离析。

(7)施工过程中，输送泵应连续运转，泵送连续灌注，宜避免停歇造成“冷缝”。如因故中断，其中断时间应小于前层混凝土的初凝时间或重塑时间，当超过允许时间时，应按施工缝处理：应在初凝以前将接缝处的混凝土振实，并使缝面具有合理、均匀稳定的坡度。

凡是未振实又超过该水泥初凝时间的混凝土,应予清除。

(8)当混凝土浇至作业窗下50cm时,作业窗关闭前,应将窗口附近的混凝土浆液残渣及其他杂物清理干净,涂刷脱模剂,将其关紧,防止窗口部位混凝土表面出现凹凸不平的补丁甚至漏浆现象。

(9)隧道衬砌起拱线以下的反弧部位是混凝土浇注作业的难点部位,应对混凝土性能、坍落度及捣固方法进行有效控制,以减少反弧段气泡,有效改善衬砌混凝土表面质量。

(10)混凝土的入模温度,在冬季施工时不应低于5℃,夏季施工时不应高于32℃。

(11)混凝土应采用振动器振捣密实,并应采取确实可靠的措施确保混凝土密实。振捣时,不得使模板、钢筋、防排水设施、预埋件等移位。

(12)封顶采用顶模中心封顶器接输送管,逐渐压注混凝土封顶。当挡头板上观察孔有浆溢出时,封顶即完成。

(13)拱部混凝土衬砌浇注时,应在拱顶预留注浆孔,注浆孔间距应不大于3m,且每模板台车范围内的预留孔应不少于4个。

拱顶注浆填充,宜在衬砌混凝土强度达到100%后进行,注入砂浆的强度等级应满足设计要求,注浆压力应控制在0.1MPa以内。

(14)每次混凝土浇注完成后,应及时清理场地的废弃混凝土及垃圾,保持施工现场整洁。

8.3.9　拆模

当衬砌施作时间提前时,拱、墙承受有围岩压力及封顶、封口的混凝土强度应满足设计要求,一般应在混凝土强度达到设计强度70%以上进行拆模,并按施工规范采用最后一盘封顶混凝土试件达到的强度来控制。不承受外荷载的拱、墙混凝土强度应达到5MPa或在拆模时混凝土表面和棱角不被损坏并能承受自重时拆模。

8.3.10　养生

1　应配备养护喷管,在拆模前冲洗模板外表面,拆模后用水喷淋混凝土表面,以降低水化热。在寒冷地区,应做好衬砌的防寒保温工作。

2　养生时间要求:洞口100m养护期不少于14d,洞身养护不少于7d,对已贯通的隧道二衬养护期不少于14d。

8.3.11　缺陷处理

拆模后,若发现缺陷,不得擅自修补,经监理工程师批准后方可处理。

1　气泡:采用白水泥和普通水泥按衬砌表面颜色对比试验确定的比例掺拌后,局部填补抹平。

2　环接缝处理:采用弧度尺画线,切割机切缝,缝深约2cm,不整齐处进行局部修凿或经砂轮机打磨后,用高强度等级水泥砂浆修饰,用钢镘刀抹平,使施工缝圆顺整齐。

3　对于表面颜色不一致的采用砂纸反复擦拭数次。

4　预留洞室周边还应先行清理干净，然后喷水湿润，采用高强度等级、与二衬颜色相统一的砂浆，抹平压光。

8.3.12　紧急停车带、车行横洞及人行横洞二次衬砌施工

1　紧急停车带

（1）对紧急停车带的开挖与衬砌，及与洞身衬砌相连接的一段，应制定专门的施工方法。

（2）紧急停车带应布置在同一级别围岩地层中。开挖过程中，若发现不在同一级别围岩地层中时，应上报处理。

（3）紧急停车带衬砌两端与洞身衬砌以喇叭口形式连接，应圆顺平整。

2　车行、人行横洞

（1）应按图纸所示位置与正洞同时进行开挖与衬砌。

（2）对交叉段衬砌结构构造，应制定专门的施工方法。

（3）对车行横洞、人行横洞等特殊洞室，宜采用移动式模架和拼装模板施工。

①边墙基础应与边墙一次浇筑完成，分次浇筑时应处理好接缝。

②拱、墙模板拱架的间距，应根据衬砌地段的围岩情况、隧道宽度、衬砌厚度及模板长度确定。

③架设拱、墙支架和模板安装时，应位置准确，连接牢固，严防移位。围岩压力较大时，拱架、墙架应增设支撑或缩小间距。

④移动式模架或拼装模板重复使用时，应注意检查，如有变形应及时修整。

⑤在拱架外缘应采用径向支撑与围岩顶紧，以防混凝土浇注时拱架变形、移位。

⑥拱架、支架应与隧道中线垂直方向架设。拱架的螺栓、拉杆、斜撑等应安装齐全。拱架（包括模板）高程应预留沉落量。施工中应随时测量、调整。

（4）交叉段衬砌混凝土应连续浇注，不得中断。交叉段的钢筋应相互连接良好，绑扎牢固使之成为整体。

8.4　质量要求

8.4.1　外观质量

1　达到“六无”要求（无错台、无漏浆、无冷缝、无气泡、无色差、无渗漏）。

2　结构轮廓线条直顺美观，无跑模、露筋现象，混凝土颜色均匀一致。

3　施工缝平顺，节段接缝处错台小于10mm，表面无渗水印迹。

4　混凝土表面密实，蜂窝麻面和气泡面积不超过隧道面积0.5%，深度不超过10mm。

5　混凝土无因施工养护不当产生的裂缝。

8.4.2　二衬质量检测

项目管理处必须委托有资质的专业检测单位对二衬钢筋、仰拱进行检测。对检查不合格的项目，施工单位必须进行返工整改，并承担相应的检测费用。

8.4.3　预留洞室

预留洞室尺寸要符合设计要求，棱角整齐，外观质量好。

8.4.4　拱顶预留接线盒

拱顶预留接线盒的位置应准确，电缆钢管应安放在两层钢筋的中间，其平面线形应与隧道的线形相一致。

8.5　施工注意事项

8.5.1　机械配备时，应考虑拌和站搅拌能力、混凝土运输能力、输送泵输送能力相互匹配。

8.5.2　混凝土自模板窗口由1台输送泵左右对称同时灌注。由下向上，对称分层，先墙后拱灌注，倾落自由高度应不超过2.0m。混凝土灌注作业间断时间不得超过2h，否则按接缝处理。

8.5.3　采用插入式振动棒辅助捣固，必须符合下列规定：

1　每一振点的捣固延续时间，应使混凝土表面呈现浮浆和不再沉落。

2　振动棒的移动间距不大于振捣器作用半径的1.5倍。

3　捣动棒与模板的距离不大于其作用半径的0.5倍，并避免碰撞钢筋、模板、预埋件等。

4　振动棒插入下层混凝土内的深度不小于50mm。

8.5.4　二衬混凝土施工应避免对防水层、预埋件的损伤和移位。

9 防排水工程

9.1 一般要求

9.1.1 建设项目应积极采用经过试验和鉴定，并经实践检验行之有效的新材料、新工艺、新技术，根据隧道的水文地质条件、耐久性要求、施工技术水平、防水等级，选用适宜的材料及工艺。

9.1.2 公路隧道正洞和设备洞二次衬砌防水等级应达到国家标准《地下工程防水技术规范》（GB 50108—2008）规定的一级防水标准，二次衬砌结构不允许渗水，二次衬砌结构表面应无湿渍。

9.1.3 隧道工程施工排水应通过洞口沉淀池、蒸发池等措施进行处理，达标后排放，并应符合现行《污水综合排放标准》（GB 8978）的规定。当排、渗水可能造成地下水污染时，应采取隔离措施。

9.1.4 隧道施工防排水设施应与营运防排水工程相结合；应按设计做好防水混凝土、防水隔离层、施工缝、变形缝、诱导缝防水，盲沟、排水管（沟）排水通畅；防排水材料应符合国家、行业标准，满足设计要求，并有出厂合格证明，不得使用有毒、污染环境的材料；隧道防排水不得污染环境，隧道排水不得直接排入饮用水源。

9.1.5 隧道施工防排水应遵循“防、排、截、堵相结合，因地制宜，综合治理”的原则进行施工，保证隧道结构物和运营设备的正常使用和行车安全，并对地表水、地下水妥善处理，行成一个完整通畅的防排水系统。

9.1.6 隧道施工前应根据工程地质、水文地质资料制定防排水方案。施工中应按现场施工方法、机具设备等情况，选择不妨碍施工的防排水措施。

9.1.7 洞内出现的地下水，经化验确认对衬砌结构有侵蚀性时，应按图纸要求针对不同侵蚀类型采取相应的抗侵蚀措施。设计无要求时，应及时上报变更处理。

9.1.8　要加强衬砌背后的防排水设施，强调结构自身防水，对可能的疑点进行封堵及引排。衬砌背后防排水设施施工应根据隧道的渗水部位和开挖情况适当选择排水设施位置，并配合衬砌进行施工；隧道侧沟、横向盲沟等排水设施亦应配合衬砌等进行施工。

如图纸无特殊要求，衬砌背后的流水均应排入隧道内侧排水沟。若有压浆时，不得将排水设施堵塞。

9.1.9　防水层应在初期支护基本稳定时施工。软岩地段衬砌和开挖距离近时，必须做好防水板的保护工作；硬岩地段应组织开挖、铺防水层、二衬平行作业，以加快施工进度。

9.1.10　停车带、洞室与正洞连接处的防排水工程应与正洞同时完成，其搭接处应平顺，不得有破损和折皱。

9.1.11　加强成品保护工作，开挖和衬砌作业不得损坏防水层，当发现层面有损坏时应及时修补；防水层在下一阶段施工前的连接部分，应采取措施保护。

9.2　施工工序

隧道防排水包括结构防排水和施工防排水。结构防水及排水施工工艺流程如图9-1所示。

9.3　防排水施工

9.3.1　地表防排水

1　隧道洞口及辅助坑洞（井）口应及时做好排水系统，完善防排水系统。

2　隧道进洞前应做好洞顶、洞口、辅助坑道口的地面排水系统，防止地表水的下渗和冲刷。对于覆盖层较薄和渗透性强的地层，地表水应及早处理。处理地表水时应注意以下事项：

（1）洞口附近和浅埋隧道洞顶不得积水。

（2）黄土陷穴和岩溶空洞等特殊地质应按设计要求处理。

（3）洞顶上方如有沟谷通过且沟谷底部岩层裂缝较多，地表水渗漏对隧道施工有较大影响时，应及时用浆砌片石铺砌沟底，或用水泥砂浆勾缝、抹面。

（4）洞顶附近有井、泉、池沼、水田等时，应妥善处理，不宜将水源截断、堵死。

（5）洞顶已有排水沟槽应予整治，确保水流通畅，必要时应进行铺砌。

（6）洞顶设有高压水池时，水池位置宜远离隧道轴线，水池应有防渗措施，对水池溢水应有疏导设施。

（7）隧道地表沟谷（槽）、坑洼、钻孔、探坑等，宜采用疏导、勾补、铺砌和填平等措施，废弃的坑洞、钻孔等应填实密闭，防止地表水下渗。

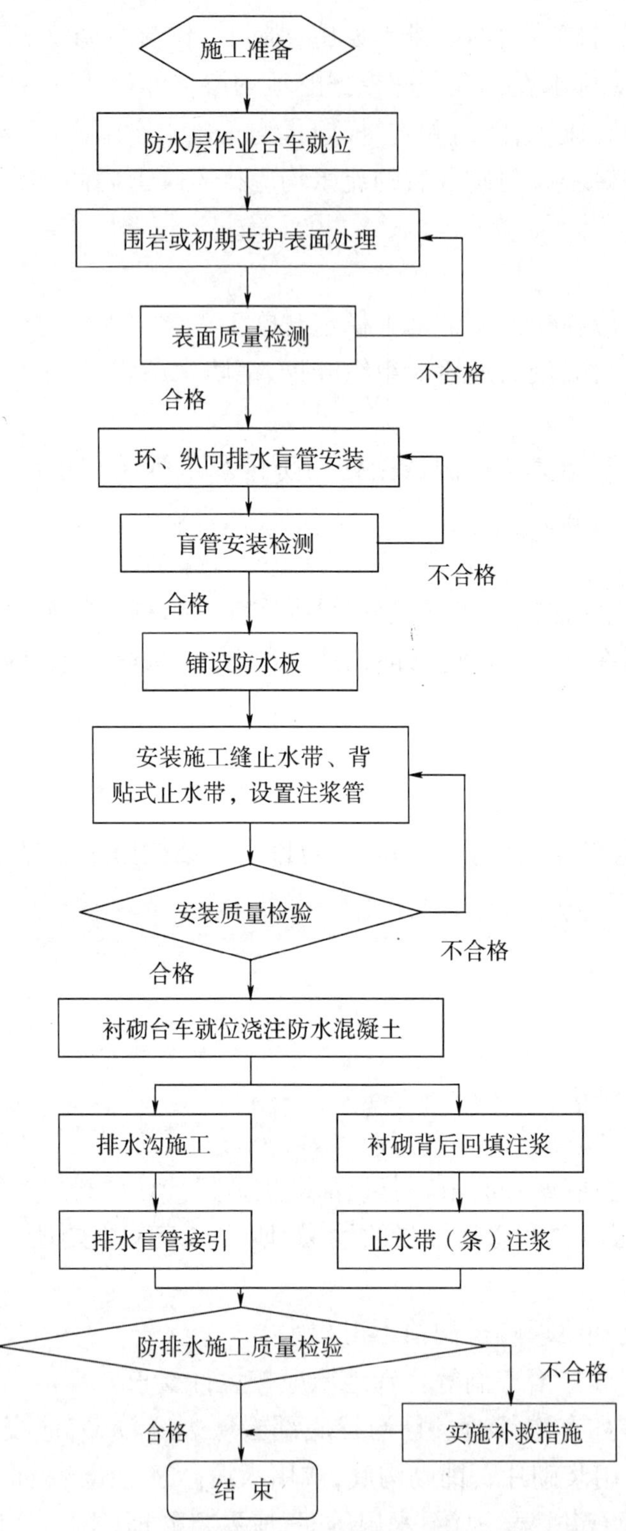

图9-1 结构防水及排水施工工艺流程

3 边坡、仰坡坡顶的截水沟应结合永久排水系统在洞口开挖前修建，其出水口应防止顺坡面漫流，洞顶截水沟应与路基边沟顺接组成排水系统，应防止水流冲刷弃渣危害农田和水利设施。

（1）洞外路堑向隧道内为下坡时，路基边沟应做成反坡，向路堑外排水。必要时还应在洞口外适当位置设横向截水沟。

(2)应做好防止洞口仰坡范围内地表水下渗和冲刷的防护措施。

9.3.2　洞内顺坡排水

1　洞内顺坡排水一般采用临时排水沟。临时排水沟断面应满足隧道中渗漏水和施工废水的需要，并经常清理排水设施，防止淤塞，确保水路畅通。水沟位置应远离边墙，宜距边墙基脚不小于1.5m。

2　在膨胀岩、土质地层、围岩松软地段等特殊或不良地质地段隧道中，排水不宜直接接触围岩，宜根据需要对排水沟进行铺砌或用管槽代替，排水沟中不得有积水。

3　防排水施工中，应采用砂浆包裹排水半管(图9-2)。纵向排水管设置半圆形基础(图9-3)，严格控制排水高程，保证排水顺畅。

图9-2　砂浆包裹排水半管

图9-3　纵向排水管半圆形基础

4　采用台阶法施工时，上台阶应在下台阶开挖前架槽(管)将水引排至下台阶排水沟内，横向分幅开挖时应挖横向排水沟将水引至未开挖一侧，严禁漫流浸泡下台阶基坑。

9.3.3　洞内反坡排水

1　对于反坡排水的隧道，可根据距离、坡度、水量和设备等因素布置排水管道，一次或分段接力将水排出洞外。接力排水时应在掌子面设置临时集水坑，并每隔200m设置集水坑，通过水泵逐级抽排至洞口。

2　抽水机功率应比排水所需功率大20%，并应有备用抽水机；做好停电时的应急排水准备工作；集水坑容积应按实际排水量确定，其设置的位置不得影响洞内运输和安全。

9.3.4　洞内水量较大时的处理措施

1　洞内有大面积渗漏水和股水时，宜集中汇流引排。

(1)可采用钻孔集中汇流引排，并将钻孔位置、数量、孔径、深度、方向和渗水量等作详细记录，在确定衬砌拱墙背后排水设施时应考虑上述因素。

(2)在地下水发育的易溶性岩层中施工，为防止水囊、暗河及高压涌水的突然出现，开挖工作面上应布设超前钻孔,并制定防止涌水的安全措施。

(3)明挖基坑和隧道洞口处,应保持地下水位稳定在基底开挖线0.5m以下,必要时采取降水措施。如洞内涌水或地下水位较高时,可采用井点降水法和深井降水法处理。

2 承压水的排放。

(1)当预计开挖工作面前方有承压水,而且排放不会影响围岩稳定时,或进行注浆前排水降压时,可采用超前钻孔或辅助坑道排水。

(2)超前钻孔及辅助坑道应保持10~20m的超前距离,最短亦应超前1~2倍掘进循环长度。

3 地下水的处理。

(1)地下水不大时可引入临时排水沟内排出。

(2)地下水较丰富,无法排出或排水费用昂贵,以及不允许排水的情况下,经技术、经济比选,可采用注浆堵水措施。根据隧道埋深,或采用地面预注浆,或开挖工作面预注浆。

4 高压涌水的处理。

(1)隧道施工中遇有高压涌水危及施工安全时,宜先采用排水的方法降低地下水的压力,然后用注浆法进行封堵。

(2)封堵涌水注浆应先在周围注浆,切断水源;然后顶水注浆,将涌水堵住。

9.3.5 其他情况下的施工防排水措施

1 隧道施工有平行导坑或横洞时,应充分利用辅助导坑排水,降低正洞水位,使正洞水流通过辅助导坑引出洞外。必要时设置永久排水沟,使坑道封闭后能保持水流畅通。

2 隧道通过不透水和透水性强的岩层时,应根据设计文件和调查资料提供的情况,在可能进入滞水带前20~30m,用深孔钻机钻孔穿入透水层,以利预探和排水。当涌水量很大,用钻孔不能满足排水需要时,应在衬砌完成地段或围岩坚硬稳定地段开挖迂回侧洞,排除滞水带内储水。泄水洞施工前,应参照设计文件提供的水文资料和涌水处理措施确定施工方法。

3 松散破碎含水地层中,洞内工作面可采用人工降水法;浅埋隧道可采用地表深井降水法减小水压,降低地下水位。当水量大且地段超长时,可采用超前预注浆堵水。围岩注浆堵水应根据工程地质和水文地质条件,通过试验做出设计,再进行压浆。在施工过程中应修正各项注浆参数,改进工艺操作,提高堵水效果。

9.3.6 防涌(突)水(泥)安全措施

1 隧道施工前应制定涌(突)水(泥)的安全措施。

2 制定防涌(突)水(泥)的安全措施时,应在开挖面布置超前钻孔,预防水囊、暗河、高压涌水等的危害。应对工程地质和水文地质作详细的调查分析,先判明地下水流方向,再确定钻孔位置、方向、数目和钻孔深度,并应采取下列措施:

(1)非施工人员必须撤出危险区。

(2)应及时测算水量、水压、流速、含泥量等,备足配套的抽水设备。

(3)在钻孔前预先埋管设阀,控制排水量,防止承压水冲击及淹没坑道等意外险情发生。

(4)水平钻孔钻到预期的深度尚未出水时,施工单位应同设计单位进一步进行地质和水文的勘测工作,重新判定地下水情况。

9.4　结构防排水

9.4.1　防排水结构原材料

1　防排水材料应符合国家、行业标准,满足设计要求,并有出场合格证明,采取“准入制”。

2　防排水外购材料应符合以下质量要求:

(1)为确保隧道营运期间有良好的防水效果,所有高速公路隧道防水卷材严禁使用复合片,宜采用均质片+无纺土工布的防水层结构形式或者直接采用点粘片。

(2)对进场的防水卷材,厂家必须提供合格的型式检验证书。采用均质片或点粘片的防水板性能必须符合《高分子防水材料　第1部分:片材》(GB 18173.1—2006)标准,无纺土工布性能必须符合《土工合成材料　短纤针刺非织造土工布》(GB/T 17638—1998)标准。

(3)防水板宜选用高分子材料,一般幅宽为2～4m,耐刺穿性好、柔性好、耐久性好。

(4)由于隧道存在基面凹凸不平的特殊性,对隧道防水卷材的指标要求高于其他工程,各项目管理处在选材时应优先选择物理性能指标高的防水卷材,应具有耐老化、耐细菌腐蚀、有足够强度及延伸率、易操作、易焊接且焊接时无毒气的特点。

(5)防水板、土工布、止水带、塑料排水盲沟、PVC排水管等特殊材料应由项目管理处统一现场抽检,执行“盲样”送检的制度。送检的检验项目应至少包括:规格尺寸、外观质量、常温拉伸强度、常温扯断伸长率、撕裂强度、低温弯折、不透水性能。

9.4.2　衬砌背后防排水设施施工要点

1　衬砌背后防排水设施施工总要求

衬砌背后防排水设施有纵、横、环向盲管,中心排水管(沟)等,应配合衬砌进行施工。施工时既要防止因漏水而造成浆液流失,还要注意灌注混凝土或压浆时,浆液不得浸入沟管内,确保预埋的透水盲沟不被堵塞;并注意排水孔道的连接,以形成一个有机、通畅的排水系统。

衬砌背后防排水设施施工应注意:

(1)排水盲管的材质、直径,透水孔的规格、间距应符合设计及规范的规定。

(2)环向排水盲管的间距应符合设计要求,在地下水较多的地段应适当加密。

(3)环向排水盲管应紧贴支护表面或渗水岩壁安设,排水盲管布置应圆顺,不得起伏不平。

(4)排水管系统应按设计连通形成完整的排水系统。管路连接宜采用变径三通方式,连接牢固、畅通,安装坡度符合设计要求。

(5)中心排水管(沟)直径符合设计要求。中心排水管(沟)基础的总体坡度、段落坡度、单管坡度应协调一致,并符合设计要求,不得高低起伏。

(6)中心排水管(沟)设在仰拱下时,应和仰拱、铺底同步施工。

2 衬砌背后防排水设施施工要点

(1)环向盲沟:严格按照设计间距设置洞内环向盲沟,环向盲沟的底部要插入“三通接头”并与拱脚纵向排水管相连。

(2)拱脚纵、横向排水管:纵向排水管与三通接头连接后,要用土工布进行包裹。

(3)用防水板将纵向排水管进行反包,并在防水板上剪一圆孔,将三通接头的出水口穿过该孔。要做好纵向排水管的高程控制,确保排水通畅。

(4)将横向排水管与三通接头的出水口相连,横向排水管的出水口直通隧道排水边沟。

(5)拱脚的横向排水沟应能够及时有效地将二衬背后的水排入边沟,施工过程中应经常检查,以确保整个排水系统的通畅。

(6)隧道排水边沟:排水边沟的几何尺寸和沟底纵坡应严格按设计施工,以使洞内水顺利排出。

(7)中心排水管(沟)坡度应符合设计要求,管路埋设好后,应进行通水试验,发现积水、漏水应及时处理。

9.4.3 防水板铺设施工要点

1 施工工艺

防水板的拼焊及铺挂采用热合焊接吊环铺挂工艺。施工工艺流程如图9-4所示。

2 施工要点

(1)防水板铺设应超前二次衬砌施工1~2个衬砌段,并应与开挖掌子面保持一定距离、在爆破的安全距离以外。其铺设应采用专用台架,铺设前进行精确放样,画出标准线后试铺,确定防水板每环的尺寸,并尽量减少接头。防水板应采用木螺钉或无钉铺设,并留有余量,表面应保证圆顺。

(2)基面处理。防水板施工前,应复核中线位置和高程,检查断面尺寸,保证衬砌施工后的衬砌厚度和净空满足规范和设计要求。

防水板铺挂前应进行的基面检查及处理的主要内容包括:

①初期支护表面应平整,无空鼓、裂缝、松酥,对于初支表面外露的锚杆头、钢筋网头等坚硬物应采用电焊或氧焊齐根切除,并用1:2水泥砂浆抹平,以防止顶破排水板。

②对局部凹凸部分,应修凿、喷补,使其表面平顺,对超挖较大的部位必须挂网喷锚。

③基面明水应提前设盲管引排,对于洞顶的大面积渗水,可用防水板配合盲管集中引排到临时排水边沟。

④初期支护表面平整度应满足拱脚 $D/L \leqslant 1/6$,拱顶 $D/L \leqslant 1/8$(D 为初期支护表面相邻两凸面间的距离,L 为该两凸之间凹进去的深度)。

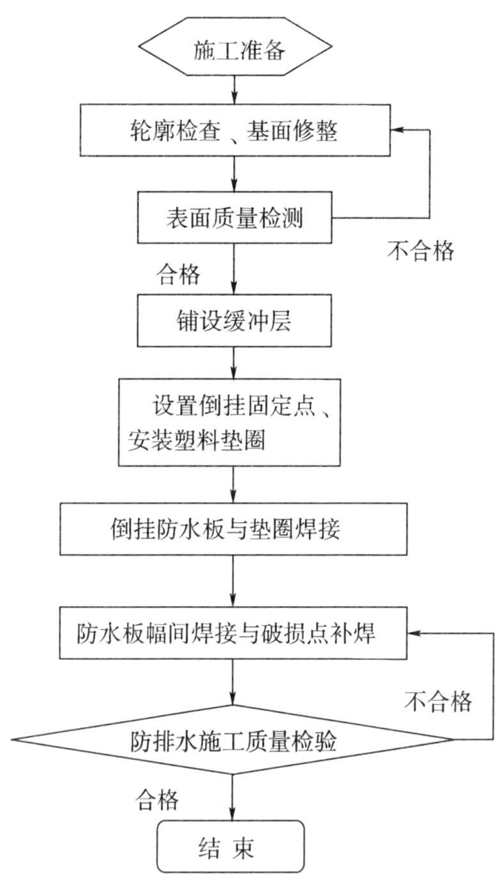

图 9-4 防水板铺设施工工艺流程

(3)防水板的挂前拼焊。

①在洞外根据拟铺挂面积的大小,将 2 ~3 幅幅面较窄的成卷防水板下料,然后将其平铺在地面上拼焊成便于运输、铺挂的大幅面防水板,减少洞内作业的焊缝数量,以提高焊接质量。防水板应减少接头。

②防水板拼接采用热合机双焊缝焊接,要求搭接宽度不小于 100mm,控制好热合机的温度和速度,保证焊缝质量。焊缝应严密,单条焊缝的有效焊接宽度不应小于12.5mm。焊接前待焊接头板面应擦净,并应根据材质通过试验确定焊接温度和速度。焊接时应避免漏焊、虚焊、烤焦或焊穿。

③沿隧道纵向一次铺挂长度宜比本次二次衬砌施工长度长 1.0m 左右,以使其与下一循环的防水层相接;同时可使防水层接缝与衬砌混凝土接缝错开 1.0m 左右,以利于防止混凝土施工缝渗漏水。

(4)铺挂防水板。

①为保证防水板铺挂质量,应先进行试铺定位。

②固定点间距的控制:尺量检查,固定点间距拱部 0.5 ~0.7m,侧墙 1.0 ~1.2m,在凹凸处应适当增加固定点,布置均匀。

③松弛率:防水板吊环间距需根据其铺挂松弛率要求来确定,环向松弛率经验值一般取 10%,纵向松弛率一般取 6%。根据初期支护表面平整程度适当调整,以保证灌注混凝

土时板面与喷混凝土面能密贴。

④防水板洞内铺挂宜由下至上、环状铺设,将预先焊接在防水板上的吊环用木螺钉固定在膨胀管上固定。

⑤防水板铺设应超前二衬施工 1 ~2 个衬砌段,形成铺挂段→检验段→二衬施工段流水作业。

(5)铺后续接。

防水板的“铺后续接”是指前后两幅大幅面防水板之间的连接,应先用热合焊机焊接环向接缝。施工时应将待焊的两块板面接头擦净、对齐,保证搭接长度,严格控制焊接温度、焊机行走速度,保持焊机与焊缝良好接触,做到行走平稳。热合焊机焊完,应加强检查,对个别漏焊处用电烙铁补焊;对丁字焊缝,因焊接困难、易漏焊或焊缝强度不足,应采用焊胶打补丁的方法进行补强处理。

(6)焊缝检查。

①防水板的接头处不得有气泡、折皱及空隙,接头处应牢固,焊缝强度应不低于母材,通过抽样试验检测。

②防水板的搭接缝焊缝质量采用“充气法”检查,当压力达到 0.25MPa 时停止充气,保持压力 15min 压力下降在 10% 以内,焊缝质量合格。

(7)成品防护。

①当衬砌紧跟开挖时,衬砌前端的防水板应采取保护措施,防止爆破飞石砸破防水板;开挖、挂防水板、衬砌三者平行作业时,铺设防水层地段距开挖面不应小于爆破安全距离,并在施工中做好防水板铺挂成形地段防水板的保护:绑扎钢筋时,钢筋头加装保护套;焊接钢筋时在焊接作业与防水板之间增挂防护板;防水层安装后严禁在其上凿眼打孔;振捣混凝土时,振捣棒不得接触防水板。

②在浇注二次衬砌混凝土前,应检查防水层铺设质量和焊接质量;如发现有破损情况,必须进行处理。

③防水板需要修补时,修补防水层的补丁不得过小,补丁形状应剪成圆角,不应有长方形、三角形等的尖角。防水层修补后一般用真空检查法检查。

(8)铺设防水层安全保护和记录。

①铺设防水层地段距开挖工作面不应小于爆破安全距离。二次衬砌时,不得损坏防水层。

②防水层应按隐蔽工程办理,二次衬砌前应检查质量,并认真填写质量检查记录。

9.4.4 施工缝的处置

1 混凝土应连续浇注,尽量减少施工缝,拱圈及仰拱不应留纵向施工缝。墙体若有预留孔洞时,施工缝距孔洞边缘不宜小于 300mm。

2 水平施工缝。

(1)墙体水平施工缝不应设在剪力和弯矩最大处或铺底与边墙的交接处,宜设置在高出铺底面不小于 300mm 的墙体上。拱墙结合的水平施工缝,宜设置在拱墙接缝线以下

150～300mm 处。

(2)水平施工缝在混凝土浇注前,应将其表面清理干净。涂刷混凝土界面处理剂;先涂刷不低于结构混凝土强度等级的净浆,再铺 25～30mm 厚的 1∶1 水泥砂浆,及时浇注混凝土。

3　垂直施工缝。

垂直施工缝设置宜与变形缝相结合。垂直施工缝施工时,应将其表面浮浆和杂物清除。涂刷不低于结构混凝土强度等级的净浆或涂刷混凝土界面处理剂。及时浇注混凝土。端头模板应支撑牢固,严防漏浆。端头应埋设表面涂有脱模剂的楔形硬木条(或塑料条),形成预留浅槽,其槽应平直,槽宽比止水条宽 1～2mm,槽深为止水条厚度的 1/2～1/3,将止水条牢固地安装在预留浅槽内。

4　应采取有效措施确保止水带位置准确,固定牢固。

5　根据拱圈、边墙和仰拱等各自不同长度的施工环节,设置施工缝,允许各部位的施工缝互相错开,不必贯通;施工缝应接近于水平或垂直,并用模板或其他措施,形成预定的形状,以保证与后续工程紧密联结。施工缝一般不设键槽。

9.4.5　变形缝的处置

变形缝应满足密封防水、适应变形、施工方便、检修容易等要求。变形缝的施工应注意:

1　沉降变形缝的最大允许沉降差值应符合设计规定;设计无规定时,不应大于30mm。当沉降差值大于 30mm 时,应采取特殊措施。

2　沉降变形缝的宽度宜为 20～30mm。伸缩变形缝的宽度宜小于此值。

3　变形缝处的混凝土结构厚度不应小于 300mm。

4　缝底应设置与嵌缝材料无黏结力的背衬材料或遇水膨胀止水条。

5　变形缝嵌缝施工时,缝内两侧应平整、清洁、无渗水;缝内应设置与嵌缝材料无黏结力的背衬材料,嵌缝应密实。

6　变形缝的设置位置应使拱圈、边墙和仰拱在同一里程上贯通。

9.4.6　止水带施工

1　止水带常设在衬砌沉降缝、施工缝或伸缩缝处。二衬止水带应按设计提供的型号购买和安装,一般采用中埋式橡胶止水带,现场分段安装固定在挡头板上。其接头根据现场情况,可采用热接或冷接方法。

2　止水带施工时应注意:

(1)止水带的接头不得设在结构转角处,并尽可能不设接头。

(2)止水带埋设位置应准确,其中间空心圆环应与变形缝的中心线重合;止水带定位时,应使其在界面部位保持平展,防止止水带翻滚、扭结,如发现有扭结不展现象应及时进行调整。在固定止水带和灌注混凝土过程中应防止止水带偏移,以免单侧缩短,影响止水效果。可采用定位钢筋认真定位。

(3)止水带先施工一侧混凝土时,其端头模板应支撑牢固,严防漏浆。

(4)隧道断面变化处或转角处的阴角应抹成半径不小于50mm的圆弧,以便止水带施工。止水带在隧道断面变化处或转角处应做成弧形,橡胶止水带的转角半径不应小于200mm,钢片止水带不应小于300mm,且转角半径应随止水带的宽度增大而相应加大。

(5)不得在止水带上穿孔打洞固定止水带。在固定止水带和灌注混凝土过程中应注意保护止水带不被钉子、钢筋和石子等刺破。如发现有刺破、割裂现象,必须及时修补。

(6)宜加强混凝土振捣控制,排除止水带底部气泡和空隙,使止水带和混凝土紧密结合,应注意防止振捣造成止水带偏位或破损。

(7)止水带的长度应根据施工需要事先向生产厂家定制,尽量避免接头。如确需接头,应连接牢固,宜设置在距铺底面不小于300mm的边墙上。根据止水带材质和止水部位可采用不同的接头方法。橡胶止水带的接头形式应采用搭接或复合接;塑料止水带的接头形式应采用搭接或对接。止水带的搭接宽度不应小于100mm,冷粘或焊接的缝宽不应小于50mm。

10 辅助施工技术

10.1 通风与防尘

10.1.1 隧道施工必须采用综合防尘措施,项目管理处可定期委托环保部门进行检测。

1 应采取通风、洒水等防尘措施,并按规定时间测定粉尘和有害气体的浓度。

2 钻眼作业应采用湿式凿岩。当水源缺乏、容易冻结或岩性不适于湿式凿岩时,可采用带有捕尘设备的干式凿岩。采用防尘措施后应达到规定的粉尘浓度。

3 凿岩机钻眼时必须先送水后送风。

4 放炮后必须进行喷雾、洒水,出渣前应用水淋湿石渣和附近的岩壁。

5 施工人员均应佩戴防尘口罩。

6 新鲜风流连续经过几个工作面时,在两个面间和混合式通风系统中两组风管交错的距离间。根据防尘效果,应适当增设喷雾器净化风流中的粉尘。

7 通过调整隧道供风的风速以排除粉尘。试验观测资料提供:最低的排尘风速不应小于0.15m/s,在此风速下,呼吸性粉尘能够悬浮并与空气均匀混合而随风流运动;提高排尘风速,粒径稍大的尘粒也能悬浮并被排走;当风速达到1.5~3.0m/s时,作业地点的粉尘浓度可降到最小,一般认为是最佳排尘风速;风速再大,则将使沉降的粉尘产生二次飞扬。最佳的排尘风速宜通过现场试验认定。

8 长大隧道还应在压入式的出风口设置喷雾器,以增加空气湿度、降低粉尘含量。

10.1.2 在整个施工过程中,作业环境应符合下列职业健康及安全标准:

1 空气中氧气含量,按体积计不得小于20%。

2 粉尘允许浓度,每立方米空气中含有10%以上的游离二氧化硅的粉尘不得大于2mg,每立方米空气中含有10%以下的游离二氧化硅的矿物性粉尘不得大于4mg。

3 有害气体最高允许浓度:

(1)一氧化碳的最高允许浓度为30mg/m^3。在特殊情况下,施工人员必须进入工作面时,浓度可为100mg/m^3,但工作时间不得大于30min。

(2)二氧化碳含量按体积计不得大于0.5%。

(3)氮氧化物(换算成NO_2)允许浓度为5mg/m^3。

(4)甲烷(CH_4)(瓦斯)含量按体积计不得大于0.5%,否则必须按现行《煤矿安全规程》有关规定办理。

(5)二氧化碳浓度不得超过 15mg/m^3。

(6)硫化氢浓度不得超过 10mg/m^3。

(7)氨的浓度不得超过 30mg/m^3。

4 隧道内气温不得高于 28℃。

5 隧道内噪声不得大于 90Db。

10.1.3 通风方式的选择与布设应根据隧道长度、施工方法、设备条件、开挖面积以及污染物的含量与种类等情况确定。当主风流的风量不能满足隧道掘进要求时,应设置局部通风系统,并应尽量利用辅助坑道。

10.1.4 隧道掘进 150m 以上,隧道施工必须实施管道通风。宜采用大功率风机、大直径风筒压入式通风,长隧道应考虑混合通风方式。通风应能满足洞内各项作业所需最大风量,隧道工作面风压应不小于 0.5MPa。每人应供应新鲜空气 3m^3/min;采用内燃机械作业时,供风量不宜小于 4.5m^3/(min · kW)。全断面开挖时风速不应小于 0.15m/s,导洞内不应小于 0.25m/s,但均不应大于 6m/s。

10.1.5 通风机具安装及维护。

1 隧道通风机及通风管应设置专人定期维护、修理,如有破损,必须及时修补或更换。

2 送风式的进风管口应设在洞外,宜在洞口里程 30m 以外。

3 通风管靠近开挖面的距离应根据开挖面大小确定,送风式通风管的送风口距开挖面不宜大于 15m,排风式风管吸风口距开挖面不宜大于 5m。

4 通风管的安装应做到平顺,接头严密,平均漏风率不得大于 2%,弯管半径不小于风管直径的 3 倍。

5 当采用软风管时,靠近风机部分,应采用加强型风管。

6 通风机运转时,严禁人员在风管的进出口附近停留;通风机停止运转时,任何人员不得靠近通风软管行走和在软管旁边停留,不得将任何物品放在通风管或管口上。

10.2 供风

10.2.1 在电力供应满足时应采用电动空压机供风,空压机的功率应能满足同时工作的各种风动机具的最大耗风量的要求。采用两家施工单位对向掘进的长、特长隧道,空压机的功率应同时考虑到越界施工所增加耗风量。

10.2.2 空压机站应设在洞口附近;当有多个洞口需集中供风时,可选在靠近用风量最大的洞口。

10.2.3　空压机站根据当地的气候条件，应有防水、降温和保温设施。

10.2.4　空压机风管布置应尽量避免急弯，以减少风压损失。

10.2.5　开挖工作面风动凿岩机风压应不小于0.5MPa，高压供风管的直径应根据最大送风量、风管长度、闸阀数量等条件计算确定，独头供风长度大于2000m时宜考虑设增压风站。

10.2.6　空压机电源应从主配电室分别接线，以免相互干扰。

10.2.7　距离居民区较近时应有防噪声、防振动的措施。

10.2.8　供风管的安装和使用应符合以下规定：

1　高压供风管应敷设平顺，接头严密，不漏风。

2　在洞外地段，当风管长度大于100m和温度变化较大时应安装伸缩器，供风管应包防寒材料。

3　长度大于1000m时，应在高压风包最低处设置油水分离器，定时放出管中的积油和水。

4　供风管前端至开挖面的距离宜保持在30m内，并用分风器连接高压软风管。当采用导坑或台阶法开挖时，软风管的长度不宜大于50m。

5　供风管每200m应装一处闸阀。

6　各种闸阀在安装前应拆开清洗，阀门应进行水压强度试验，合格后方可使用。

7　高压供风管在安装前应进行检查，有裂纹、创伤、凹陷等现象时不得使用，管内不得保留有残余物。

8　高压供风管使用中应有专人负责检查、养护。

9　空压机房要配一定数量的灭火器。

10.3　供水

10.3.1　隧道施工供水方案应满足下列要求：

1　工程和生活用水在使用前必须经过水质鉴定。

2　供水量应满足工程和生活用水的需要，水池的容量应能满足洞内外集中用水的需要。

3　有高位自然水源时，应建水池蓄水利用，水池高程应满足隧道掘进到最高点时能保持0.3MPa的水压。

4　采用低位抽水向水池供水时，抽水站水泵扬程应选取取水点与水池高差的1.5～2倍，并有配备用水泵。

5 水池和水管应根据当地的气候情况,采取防寒措施。

6 抽水井应做护壁,安装井盖,经常清洗。

7 无条件建造高位水池的隧道,可采用增压泵供水。

10.3.2 隧道开挖工作面凿岩机的工作水压不应小于0.3MPa,水管的直径应根据最大供水量、管路长度、弯头数量、闸阀等条件计算确定。

10.3.3 高压水管的安装应符合下列规定:

1 管路敷设应平顺,接头严密,不漏水。

2 水池的总输出管路上必须安装总闸阀,主管路上每隔300~500m安装分闸阀。

3 洞内水管前端至开挖工作面的距离宜在50m内,并用高压软管连接分水器。

4 水管在安装前应进行检查,有裂纹、创伤等现象时不得使用,管内不得保留有残余物。

5 同时供几个开挖工作面时,在分管处必须安装闸阀。

6 蓄水池要加设防护装置。

7 管路使用中应有专人负责检查、养护。

10.4 供电

10.4.1 各种电气设备和输电线路应有专人经常进行检查维修、调整等工作,其作业要求应参照现行《电力建设安全工作规程》(DL 5009)、《电力线路防护规程》的有关规定办理。施工现场临时用电设备在5台及以上,或设备总容量在50kW及以上时,应编制施工现场临时用电组织设计。

10.4.2 施工现场临时用电组织设计应符合下列规定:

1 开工前,管理处应根据“永临结合、分步实施”的原则,对所辖路线的施工用电量和运营耗电量进行统筹安排。根据施工现场需要和用电量的分布情况,合理布局供电线路和供电设备。

2 各施工单位应配备专职电力工程师(或机电总工)对其承担施工的隧道用电量、线路及器材,进行设计、安装及维修。

3 确定电源进线、变电所或配电室、配电装置、用电设备的位置及线路走向。

4 进行负荷计算时,应按用电设备同时工作时的最大负荷计算用电负荷,合理选择变压器和电线的规格型号。

5 设计配电装置,选择电气设备。

6 绘制临时用电工程图,主要包括用电工程总平面图、配电装置布置图、配电系统接线图及接地装置设计图。

7 临时房屋及其他建筑物应安装避雷设施,并定期检查测试。

8 对变压器、配电室等设置防护装置,制定防护措施。

10.4.3 配电室布置应符合下列规定:

1 配电柜正面的操作通道单列或双列背对背布置不小于1.5m,双列面对面布置不小于2m。

2 配电室顶棚与地面的距离不低于3m,配电柜侧面的维护通道宽度不小于1m。

3 配电室内设置值班室或检修室时,边缘距配电柜的水平距离应大于1m,并采取屏障隔离。

4 配电室内的电线应涂刷有色油漆,以标明相序,以柜正面方向为基准。

5 配电室的门必须向外开,并配锁。

6 有自备电源时,配电柜内必须设置九头闸开关,确保用电安全。

7 配电柜应装设电源隔离开关及短路、过载、漏电保护器。

8 配电柜或配电线路停电维修时,应挂接地线,并应悬挂"禁止合闸,有人工作"停电标志牌。停送电必须有专人负责。

9 配电室应保持清洁,不得堆放任何妨碍操作和维修的杂物。

10.4.4 配电线路的布置应符合下列规定:

1 隧道供电线路应采用三相五线系统。

2 隧道内架空线必须采用绝缘导线。

3 架空线必须架设在专用电杆上,严禁设在脚手架及其他设施上。

4 在跨越铁路、公路、河流、电力线路跨距内,架空线不得有接头。

5 架空线路的跨距不得大于35m。

6 动力、照明线在同一横担上架设时,导线相序排列要统一。

7 架空线的线间距不得小于0.3m,靠近电杆的两条线的间距不得小于0.5m。

8 架空线路必须有短路保护和过载保护。

9 隧道内配线必须采用绝缘导线或电缆,且距地面高度不小于2.5m。

10 隧道内的短路保护用熔断器时,其熔体额定电流不应大于绝缘导线长期连续负载允许载流量的1.5倍。

11 在土壤电阻率低于$200\Omega^2$m区域的电杆可不另设防雷接地装置,但在配电室的架空线或出线处应将绝缘子铁脚与配电室的接地装置相连接。

12 施工现场内所有防雷装置的冲击接地电阻值不得大于30Ω。

13 涌水隧道的电动排水设备,瓦斯隧道的通风设备及斜井、竖井内的电气装置应采用双回路输电,并设可靠的切换装置。

10.4.5 隧道供电电压应符合下列规定:

1 供电线路应采用220/380V三相五线系统。

2 动力设备应采用380V。

3 照明电压作业地段宜为36V,成洞和未作业地段可采用220V。

4 线路末端的电压降不得大于10%。

5 隧道内220/380V供电距离不宜大于500m,应采取升压措施或高压进洞;否则设洞内变压器时应在一定距离内设分离开关。

10.4.6 各种电气设备和输变电线路应有专人检查维修、调整等,其作业要求应参照现行《施工现场临时用电安全技术规范》(JGJ 46)执行。

10.4.7 照明。

隧道施工作业地段必须有足够亮度的照明,采用普通光源照明时,其亮度应满足表10-1的要求。

表10-1 施工作业地段亮度要求

施工作业地段	最低平均亮度(lx)	施工作业地段	最低平均亮度(lx)
施工作业面	30	特殊作业地段或不安全因素较多地段	15
开挖地段	10	成洞地段	4
运输巷道	6	竖井内	8

10.5 通信

10.5.1 洞内各工作面与洞外调度应始终保持通信畅通,备作突发事故的应急通信宜选择有线电话。

10.5.2 保护有线电话电线的线管宜用钢管,应布置在不易被机械、落石损伤的地方,宜顺着风、水管路布置。

10.5.3 电话机宜采用防水、防震、防火的防爆电话机,电话机宜安装在距工作面最近的洞室或有防护设施的台架上。

11　路面与附属工程

11.1　路面

11.1.1　沥青混合料上面层与水泥混凝土下面层组成的复合式路面在抗滑安全性和行车舒适性方面较好。建议3km以下隧道路面采用复合式路面，3km以上隧道路面根据具体情况研究确定。

11.1.2　隧道路面施工宜在排水系统施工完成后进行，施工过程应确保排水设施完好，排水通畅。隧道洞外转向车道水泥混凝土路面应和洞内统筹安排施工。

11.1.3　混凝土路面正式施工前，应铺筑混凝土试验段以确定施工工艺参数。试验段长度宜为150～200m。水泥混凝土路面侧模必须采用新的槽钢。

11.1.4　由于水泥混凝土路面的抗折强度要求高，对碎石的强度和洁净度也相应要求较高。因此必须选择符合隧道路面使用质量要求的碎石，使用前应清洗。

11.1.5　隧道路面施工过程中，隧道内必须保持良好通风，并应设置满足施工需要的照明系统。为保证洞内空气质量，路面施工进洞的各类施工机械与车辆，应选用带净化装置的柴油动力，汽油动力机械不宜进洞。

11.1.6　隧道路面施工应由专业化队伍进行施工，选用满足施工要求的配套机械设备施工，形成流水线作业。

11.1.7　水泥混凝土路面应根据施工组织设计连续浇筑；在浇筑过程中，应使已铺设路面地段的修整、防护、养生等作业得以正常进行。水泥混凝土路面强度未达到设计要求前，不得开放交通。

11.1.8　路面施工应选用满足施工要求的配套机械设备施工。各种机械设备（如三辊轴机组、振捣机及路面切缝机、刻槽机等机械设备）应提前进场，并在施工前做好安装调试工作。

11.2 设备洞、横通道及预留洞室

11.2.1 消防洞、设备洞、车行或人行横通道及其他各类洞室在后期运营中往往成为渗水、开裂的多发区，设置应严格按照设计要求执行；如设计位置地质条件不良，施工单位应会同监理、设计及建设单位根据实际情况调整。

11.2.2 隧道边墙内的各类洞室以及消防洞、设备洞和横通道等与正洞连接地段的开挖，宜在正洞掘进至其位置时，将该处一次开挖成型。

11.2.3 各类洞室及横通道与正洞连接地段，支护应按照设计要求执行，必要时应予以加强。附属洞室施工工艺与正洞标准一致，保证初期支护平整度。

11.2.4 各类洞室及横通道初期支护宜采用锚喷支护，必要时增设钢架支撑。

11.2.5 设备洞、横通道及其他各类洞室的永久性防、排水工程，应与正洞同时完成。各类洞室及横通道与正洞连接的折角处，防水层应根据铺设面的形状平顺铺设，不得出现空白。洞室不得设在衬砌断面变化及各种衬砌接缝处，洞室与正洞交叉口、卷闸门等断面变化处防水板铺挂采用"分幅拼接"，使其紧贴表面；洞室交叉口不少于3m的二衬混凝土应与正洞二衬同步浇筑。

11.2.6 设备横洞、横通道、预留洞室等二次衬砌施工应符合下列规定：

1 设备洞、横通道与正洞连接处的钢筋应互相连接可靠，绑扎牢固。该处衬砌应与正洞一次同时完成。

2 复查防排水工程的质量，防排水工程符合设计要求后，方可进行二次衬砌施工。

3 衬砌中各类预埋管件、预留孔、槽及边墙内的各类洞室应按设计位置定位；宜尽早落实各种附属设施之间以及与排水系统之间有无冲突，如有冲突，应会同有关单位研讨解决。模板架设时应将经过防腐与防锈处理后的预埋管、件绑扎牢固，留出各类孔、槽及边墙内的各类洞室位置。浇注混凝土时应确保各类预埋管件、预留孔、槽不产生位移。

4 浇筑二衬时须加强振捣，防止背后空洞。

11.3 水沟、电缆沟槽

11.3.1 水沟、电缆槽开挖应与边墙基础开挖同时进行，不得在边墙浇筑后再爆破开挖。

11.3.2 电缆槽壁与边墙应连接牢固，必要时可加设短钢筋。

11.3.3　水沟可采用预制或现浇，采用预制边沟安装时应保证边沟接头紧密、不渗漏，与相邻路面接缝平整。

11.3.4　水沟应与衬砌排水、路面排水的管路连通，保持顺畅。

11.3.5　电缆槽盖板应平顺、整齐、无翘曲；盖板铺设应平稳，盖板两端与沟壁的缝隙应用砂浆填平，不得晃动或吊空；盖板规格应统一，可以互换。

11.3.6　如在施作矮边墙时未一次成型电缆沟侧墙，施工电缆沟侧墙前应凿毛，并配置连接钢筋和水平钢筋。

11.3.7　电缆沟靠路面一侧应滞后路面施工，以免影响路面机械摊铺。

11.4　蓄水池

11.4.1　蓄水池混凝土的浇注应做到外光内实，无渗漏。蓄水池应选择在地基坚固处。

11.4.2　在混凝土达到设计强度后，应进行注水试验。

11.4.3　设置避雷设备时，应进行接地电阻试验，其冲击接地电阻应符合设计要求。

11.5　预埋件

11.5.1　二衬施作前，设计单位须将隧道内所需预埋的管件数量、型号及桩号等统一列表。同时，建设管理处在开工前适时组织召开机电工程评审会，对预埋件规格、数量及桩号等给予明确，防止施工中因预埋件变更所引起的返工或浪费。

11.5.2　通风机的机座与基础应按设计要求施工。对于通风机底盘与机座相连的地脚螺栓，应按设计要求的风机底盘螺栓孔布置预留灌注孔眼。螺栓埋设时，灌浆应密实。螺栓应与机座面垂直。

11.5.3　水泵基础应稳固可靠，并按设计要求埋设水泵地脚螺栓或预留孔位。

11.5.4　安装工程所用各种预埋件应按设计进行防锈蚀处理。

11.5.5　预埋钢管管口应打磨平整，管内穿入铁丝，并在二衬混凝土浇注后进行检查、试通。

12 黄土隧道

12.1 一般规定

12.1.1 施工中应遵循“短开挖、少扰动、强支护、实回填、仰拱先行、衬砌紧跟”的施工原则，紧凑施工工序，精心组织施工。

12.1.2 认真做好施工地质调查工作，掌握黄土围岩的工程地质、水文地质特性。

12.1.3 隧道结构须采用曲边墙，避免采用直边墙，以免在最大开挖线处产生初期支护开裂，甚至引起二衬开裂。

12.2 施工要点

12.2.1 施工中应加强排水设施。马兰黄土及离石黄土隧道进洞前，首先要做好地表的防排水工作，截断地面水源，防止地表水及雨雪渗水对隧道施工产生影响。加强洞内防排水工作，避免土体受水浸泡，变形加剧。

12.2.2 刷坡进洞阶段，在满足正常施工空间和土体自身稳定的情况下，拱顶以下曲墙之外应保留部分土体，作为仰坡挡土平衡块。

12.2.3 洞身通过马兰黄土时，为防止过大下沉引起初期支护开裂侵入二衬，上半断面宜采用扩大拱脚、锁脚钢管，下半断面宜在拱脚处采用混凝土基础。

12.2.4 中空自进式锚杆不宜应用于黄土隧道。

12.2.5 黄土隧道锁脚锚杆不宜采用普通锚杆，必须采用较大直径注浆钢管。对于马兰黄土，可每榀拱架设 6 ~ 8 根锁脚钢管。

12.2.6 洞内大管棚施工应增设管棚工作室，地质条件较好的土体，可采用小导管超前支护。

12.2.7　浅埋段中的钢支撑宜采用钢格栅支护，加大初期支护整体稳定性，不建议采用型钢支护。

12.2.8　Ⅴ、Ⅵ级围岩、Ⅳ级浅埋条件下，初期支护仰拱宜采用钢架闭合。

12.2.9　黄土隧道掌子面距仰拱最大距离不宜超过30m，仰拱距二衬最大距离不宜超过30m。地质条件较差的情况下，必须经管理处、设计、监理、施工单位共同研究确定，进一步缩短施工步距。

13 监控量测

13.1 一般规定

13.1.1 隧道工程通过地区内地形地质情况复杂，主要地质问题有：突水、突泥；岩溶水文地质；煤层及采空区，特殊性岩土，岩石风化破碎、洒落等。为确保施工过程的安全，将可能发生的事故防患于未然，切实做好施工过程监控量测工作是必不可少的。

13.1.2 监控量测工作必须紧接开挖、支护作业，应按设计要求进行布点和监测，并根据现场施工情况及时调整量测项目和内容。量测数据应及时分析处理，并将结果反馈到施工过程中。

13.1.3 监控量测应纳入施工工序，并贯穿施工的全过程，为施工管理及时提供以下信息：

1 围岩稳定性、支护结构承载能力和安全信息。

2 二次衬砌合理的施作时间。

3 为施工中调整围岩级别、完善设计方案及参数、优化施工方案及施工工艺提供依据。

13.1.4 监控量测的管理必须科学合理，施工中应按监测计划实施，工程竣工后将监测资料整理归档并纳入竣工文件中。

13.1.5 施工现场应成立专门的监控量测小组，责任落实到人，并建立相应的质量保证体系，确保监控量测工作的有效实施，监测资料完整清晰。

13.1.6 现场监控量测工作应包括现场情况的初始调查、编制实施性监控量测计划、测点布设及取得初始监测值、现场监测、提交监测结果、报送周(月)报和编写总结报告。

13.1.7 根据监测精度要求，应减小系统误差，控制偶然误差，避免人为错误。应经常采用相关方法对误差进行检验分析。

13.1.8　监控量测组负责测点的埋设、日常测量、数据处理和仪器保养维修及送检等工作,并及时将监控量测信息反馈于施工和设计。

13.2　监控量测的任务

13.2.1　制定合理可行的监控量测方案,为隧道安全、优化施工提供依据。

13.2.2　指导和参与施工单位的日常量测和掘进面观察。

13.2.3　负责对计划的和典型的断面进行埋点与量测,及开挖后的围岩评价,并将量测结果及时通报设计、业主、监理和施工等单位。

13.2.4　掌握围岩和地下水的变化情况,并及时反馈设计施工。

13.2.5　对支护结构形式、支护参数和二次衬砌实践提出建议,并书面通知业主与监理。

13.2.6　参与业主、设计、监理和施工单位参加的结构形式、参数、围岩类别变更讨论。

13.2.7　对支护结构的合理性、安全性做出评价,出现异常情况,提出处理意见。

13.2.8　每月提出监控量测报告,每季度末提出下季度工作计划;完成后向业主、监理提出系统完整的监控量测报告及原始资料。

13.2.9　召开监控量测工作会议的报告。

13.3　量测内容与方法

13.3.1　复合式衬砌的隧道应按表13-1选择量测项目。表中的1~4项为必测项目;5~11项为选测项目,应根据围岩条件、地表沉降要求等确定。

表13-1　隧道现场监控量测项目及量测方法

序号	项目名称	方法及工具	布　置	量测间隔时间			
				1~15d	16d~1个月	1~3个月	大于3个月
1	地质和支护状况观察	岩性、结构面产状及支护裂缝观察或描述,地质罗盘等	开挖后及初期支护后进行	每次爆破后进行			

续上表

序号	项目名称	方法及工具	布　　置	量测间隔时间			
				1～15d	16d～1个月	1～3个月	大于3个月
2	周边位移	各种类型收敛计	每10～50m一个断面，每断面2～3对测点	1～2次/d	1次/2d	1～2次/周	1～3次/月
3	拱顶下沉	水平仪、水准尺、钢尺或测杆	每10～50m一个断面	1～2次/d	1次/2d	1～2次/周	1～3次/月
4	锚杆或锚索内力及抗拔力	各类电测锚杆、锚杆测力计及拉拔器	每10m一个断面，每个断面至少做3根锚杆	—	—	—	—
5	地表下沉	水平仪、水准尺	每5～50m一个断面，每个断面至少7个测点，每隧道至少2个断面。中线每5～20m一个测点	开挖面距量测断面前后 <2B 时，1～2次/d。 开挖面距量测断面前后 <5B 时，1次/2d。 开挖面距量测断面前后 >5B 时，1次/周			
6	围岩体内位移（洞内设点）	洞内钻孔中安设单点、多点杆式或钢丝式位移计	每5～100m一个断面，每断面2～11个测点	1～2次/d	1次/2d	1～2次/周	1～3次/月
7	围岩体内位移（地表设点）	地面钻孔中安设各类位移计	每代表性地段一个断面，每断面3～5个钻孔	同地表下沉要求			
8	围岩压力及两层支护间压力	各种类型压力盒	每代表性地段一个断面，每断面宜为15～20个测点	1～2次/d	1次/2d	1～2次/周	1～3次/月
9	钢支撑内力及外力	支柱压力计或其他测力计	每10榀钢拱支撑一对测力计	1～2次/d	1次/2d	1～2次/周	1～3次/月
10	支护、衬砌内应力、表面应力及裂缝量测	各类混凝土内应变计、应力计、测缝计及表面应力解除法	每代表性地段一个断面、每断面宜为11测点	1～2次/d	1次/2d	1～2次/周	1～3次/月
11	围岩弹性波测试	各种波仪及配套探头	在有代表性地段设置	—	—	—	—

注：B 为隧道开挖宽度。

13.3.2　爆破开挖后应立即进行工程地质与水文地质状况观察和记录，并进行地质描述。地质变化处和重要地段，应有照片记载、量测记录表。

初期支护完成后应进行喷层表面的观察和记录，并进行裂缝描述。

13.3.3　隧道开挖后应及时进行围岩、初期支护的周边位移量测、拱顶下沉量测；安设锚杆后，应进行锚杆抗拔力试验。当围岩差、段面大或地表沉降控制严时，宜进行围岩体内位移量测和其他量测。位于Ⅲ～Ⅰ围岩中且覆盖层厚度小于40m的隧道，应进行地表沉降量测。

13.3.4　量测部位和测点布置，应根据地质条件、量测项目和施工方法等确定。

13.3.5　测点应距开挖面2m的范围内尽快安设，并应保证爆破后24h内或下一次爆破前测读初次读数。

13.3.6　测点的测试频率应根据围岩和支护的位移速度及离开挖面的距离确定。

13.3.7　现场量测手段，应根据量测项目及国内量测仪器的现状来选用。一般应尽量选择简单可靠、耐久、成本低、稳定性能好，被测量的物理概念明确，有足够大的量程，便于进行分析和反馈的测试仪具。

13.4　量测数据处理与应用

13.4.1　应及时对现场量测数据绘制时态曲线（或散点图）和空间关系曲线。

13.4.2　当位移—时间曲线趋于平缓时，应进行数据处理或回归分析，以推算最终位移和掌握位移变化规律。

13.4.3　当位移—时间曲线出现反弯点时，则表明围岩和支护已呈不稳定状态，此时应密切监视围岩动态，并加强支护，必要时暂停开挖。

13.4.4　隧道周壁任意点的实测相对位移值或用回归分析推算的总相对位移值均应小于表13-2所列的数值。当位移速率无明显下降，而此时实测位移值已接近该表所列数值，或者喷层表面出现明显裂缝时，应立即采取补强措施，并调整原支护设计参数或开挖方法。

表 13-2　隧道周边允许相对位移值(%)

允许相对位移值(%) 覆盖层厚度(m) 围岩类别	<50	50~300	>300
Ⅳ	0.10~0.30	0.20~0.50	0.40~1.20
Ⅲ	0.15~0.50	0.40~1.20	0.80~2.00
Ⅱ	0.20~0.80	0.60~1.60	1.00~3.00

注:①相对位移是指实测位移值与两测点间距离之比,或拱顶位移实测值与隧道宽度之比。

②脆性围岩取表中较小值,塑性围岩取表中较大值。

③Ⅰ、Ⅴ、Ⅵ类围岩可按工程类比初步选定允许值范围。

④本表所列数值可在施工过程中通过实测和资料积累作适当修正。

13.4.5　二次衬砌的施作应在满足下列要求时进行:

1　各测试项目的位移速率明显收敛,围岩基本稳定。

2　已产生的各项位移占预计总位移量的80%~90%。

3　周边位移速率小于0.1~0.2mm/d,或拱顶下沉速率小于0.07~0.15mm/d。

13.5　量测管理

13.5.1　隧道现场监控量测应成立专门量测小组,由施工单位或委托其单位承担量测任务。

13.5.2　量测组负责测点埋设、日常量测、数据处理和仪器保养维修工作,并及时将量测信息反馈于施工和设计。

13.5.3　现场监控量测应按量测计划认真组织实施,并与其他施工环节紧密配合,不得中断工作。

13.5.4　各预埋测点应牢固可靠,易于识别并妥善保护,不得任意撤换和破坏。

13.5.5　竣工文件中应包括下列量测资料:

1　现场监控量测计划。

2　实际测点布置图。

3　围岩和支护的位移—时间曲线图、空间关系曲线图以及量测记录汇总表。

4　经量测变更设计和改变施工方法地段的信息反馈记录。

5　现场监控量测说明。

14　辅助坑道

14.1　一般规定

14.1.1　辅助坑道口的截水、排水系统和防冲刷设施，应在隧道施工前妥善规划，尽早完成。

14.1.2　坑道口或斜井的洞门或竖井口锁口圈亦应尽早施作。

14.1.3　其他类型的坑道口洞门应尽早建成。

14.1.4　辅助坑道支护应符合设计要求。辅助导坑洞口或井口、软弱围岩段、辅助坑道与正洞的连接处应加强支护。辅助坑道与正洞的连接处支护后，应及时施作二次衬砌；在特殊情况下，应在开挖前采取超前支护措施。

14.1.5　辅助坑道口边、仰坡开挖及地表恢复应符合环境保护和水土保持的有关规定和设计要求。辅助坑道口边、仰坡开挖不得采用大爆破，开挖坡面应按设计要求及时进行防护和支护，山坡危石应全部清除。

14.1.6　辅助坑道与正洞交叉口施工应符合下列规定：

1　先加固、后开挖。根据地质情况，辅助坑道与正洞边墙相交的 3 ~ 5m 范围的初期支护应加强，必要时浇筑混凝土衬砌。

2　辅助坑道进入正洞的门洞应浇筑钢筋混凝土（或型钢）“门架”或过梁。

3　辅助坑道进入正洞后的挑顶施工，应从外向内逐步扩大，并始终保持逃生通道的畅通。

14.1.7　在辅助坑道的施工和使用期间，应做好防水和排水工作，并有切实可行的应急措施。

14.1.8　辅助坑道不再利用时，除设计有规定外，宜按下列规定处理：

1　横洞、平行导坑及斜井的洞口用 M5 浆砌片石封闭。封闭长度：无衬砌时 3 ~ 5m；

有衬砌时不小于 2m。竖井井口用钢筋混凝土盖板封闭，当竖井设在隧道顶部时，隧道顶部以上的回填高度不应小于 10m。

2 横洞、平行导坑的横通道、竖井或斜井的连接通道，在靠近隧道 15 ~ 20m 范围内应进行永久支护或衬砌。其余地段可根据地质情况分段进行支护或加强。

3 横洞、平行导坑封闭前，应结合排水需要做好排水暗沟，并留出检查通道；斜井和竖井井底的水应妥善引入隧道内的排水沟中。

14.1.9 辅助坑道的类型、平面位置、断面尺寸、坡度和高程等应符合现行《公路隧道设计规范》(JTG D70—2004)的有关规定。

14.2 横洞与平行导坑

14.2.1 横洞与平行导坑的开挖，应根据围岩级别、断面大小合理选用开挖方法；当横洞开挖工作面与正洞的距离小于 10m 时，应采取近距离控制爆破技术，降低爆破振速。

14.2.2 横洞与正洞交叉口的洞室跨度大，受力复杂，施工中应根据具体情况进行加固并加强变形监测。

14.2.3 隧道内设有车行或人行横通道时，平行导坑与正洞间的横通道应结合车行或人行横通道的位置设置。

14.2.4 当横洞与平行导坑采用锚喷作为施工支护时，其断面形式宜采用拱形。

14.2.5 平行导坑的掘进应超前于正洞。超前距离不应小于一个横通道的间距。横通道的间距应根据施工需要、正洞工程进度及地质情况确定。

14.2.6 平行导坑横通道的施工应在平行导坑和正洞掘进至其位置时，将交叉口处一次挖成。

14.2.7 平行导坑应超前于正洞开挖，其超前距离可视施工条件和工期要求确定，一般宜超前横通道间距的 1 ~ 3 倍。

14.2.8 平行导坑的横通道施工，应先加固交叉口后开挖。

14.2.9 横洞和平行导坑都应设完整通畅的排水系统。

14.3　斜井

14.3.1　斜井运输

斜井根据其纵坡大小分别采用有轨运输（坡度15%以上）和无轨运输（坡度15%以下）。

1　有轨运输应符合下列规定：

（1）有轨运输斜井可设四轨双道，双钩提升。光面爆破开挖，复合式衬砌。每循环开挖前，人工拼装简易钢管架作业平台，手持风钻钻爆开挖，小型挖掘机装渣，提升绞车提升，斜井口外设栈桥卸渣，然后由桥下自卸汽车运至弃渣场；采用“压入式通风”方案。

（2）前期洞口30m范围采用无轨运输，开挖支护完成30m后采用有轨运输。前期按双轨单线布置，后期按四轨双线空间位置。

（3）斜井排水采用多级排水。斜井底部设临时水仓及井底泵站，在斜井中部设腰泵站。施工时至少布设两路排水管，斜井井身高压风管可以作为储备排水管。

2　轨道铺设的标准和要求应遵守下列规定：

（1）每根钢轨应安装两组防爬设备，每对钢轨应用3根轨距拉杆。

（2）两条钢轨顶面的高差不得超过5mm。

（3）在斜井中未设人行道的一侧，其管道、电力线等与轨道间的安全距离为：使用构件支撑时不得小于25cm；锚喷或混凝土衬砌时不得小于20cm；使用皮带运输机时不得小于40cm。

（4）托索轮及安全闸等轨道辅助设备应与轨道一并铺设。

3　斜井钢丝绳必须符合下列规定：

（1）提升钢丝绳必须由专人负责，定期检查，对易损坏、断丝或锈蚀较多的部位，应停车详细检查，断丝的突出部分应在检查时剪下，检查结果记入钢丝绳检查记录中。

（2）提升或制动钢丝绳直径减少10%时，必须更换。

（3）钢丝绳如遭突然停车等猛烈拉力时，必须立即停车检查。遭受猛烈拉力的一段，发现有损坏或其长度增长0.5%以上时，必须更换。钢丝绳使用后期，断丝数或伸长发展突然加快，必须立即更换。

（4）各种钢丝绳在一个捻距内断丝截面积与钢丝总截面积之比达到表14-1规定时，必须更换。

表14-1　钢丝绳在一个捻距内断丝截面积与钢丝总截面积之比

序号	使用类别	百分比（%）	序号	使用类别	百分比（%）
1	升降人员和人员物料共用	5	3	平衡钢丝绳	10
2	专为升降物料用	10	4	防坠器的制动钢丝绳	10

4　除运输车辆升降的最大速度不得大于设计规定外，还应符合下列规定：

（1）斜井牵引提升速度应小于5m/s，接近洞口与井底时速度不得超过2m/s，升降加速度不得超过$0.5m/s^2$。

(2)斜井口必须设置挡车器,并设立专人管理。挡车器必须经常处于正位关闭状态,放车时方可打开。车辆在井内行驶过程中(含途中停留),井内严禁人员通行与作业。

(3)当斜井施工长度大于100m时,应在距井口下20m处设挡车器或挡车栏。在接近井底60m左右或岔前35m,设第二道挡车器或挡车栏,其正位是关闭状态,放车时方可打开。

(4)井口、井下、卷提升机房应有联系信号,箕斗提升应采用直发式信号。提升、下放与停留,各有明确的色灯和音响、视频等信号规定。设专职信号员,负责接发车工作。提升机司机未得到井口信号员发给信号,不得开动。

(5)斜井每隔100m应在轨道上设防溜车装置一处。在接近井底时再设一处。

(6)运输钢轨和其他长件材料时,必须有长件材料装卸及进出斜井的安全措施。

(7)斜井井底停车场应设避车洞,斜井底附近的固定机械、电气设备与操作人员,均应设置在专用洞室内。

(8)斜井内应有足够的照明措施。

5 乘用人车应符合下列规定:

(1)严禁人员乘坐斗车、矿车;当斜井的垂直深度大于50m时,应设运送人员的专门设施。

(2)人车必须有车长跟随,车长必须坐在列车行驶方向的前排,手动防溜车装置或制动器手把必须装在该车车长坐席处。

(3)每班运送人员前,必须检查人车的连接装置、保险链和防溜装置。先放一次空车,证实斜井和轨道无引起掉道的危险,并需接到值班负责人的命令后才可发车。

14.3.2 斜井的开挖

1 炮眼方向应与斜井倾角一致,底眼应较井底高程略低,避免出现台阶。

2 每循环进尺应用坡度尺放线控制井身坡度。

3 每隔20~30m应用仪器复核中线、水平,保证井身位置正确。

4 当采用构件支撑时,其立柱斜度宜为斜井倾角之半,最大不得超过9°。各排支撑间应用3道纵撑支稳。

5 井口地段、不良地质或渗水的井身地段以及井底调整车场、作业洞室,施工时应加强支护,并应及时衬砌。

6 倾角大于30°且地质条件差的地段上的衬砌,其墙基脚宜做成台阶形式。

7 斜井施工期间,视出水量大小设水仓或临时集水坑储水,开挖工作面的积水用潜水泵先排到水仓(或临时集水坑),再用抽水机排出洞外;正洞施工期间,斜井的出水沿水沟顺坡排到斜井底的水仓,与正洞排水汇集一起,用抽水机排出洞外,必要时斜井中间再设接力水仓。

14.3.3 交叉口处斜井加强段施工

由于交叉处基本是T形交叉,甚至是十字形交叉,交叉口围岩受力复杂,斜井与正洞交界处施工要尽量减少对围岩的扰动，支护措施要加强。从斜井与正洞边墙相交处后退10～15m，采用短台阶法施工。

14.3.4　挑顶施工

1　开挖

斜井上台阶施工至正洞隧道边墙位置时，开始挑顶施工，挑顶采用过渡坑道，逐步从斜井上台阶过渡到正洞上台阶。如图14-1中阴影部分即为过渡坑道，采用矩形断面。由于斜井拱顶较高，正洞拱架无法与斜井拱架搭接，经计算，在挑顶进去 L 水平距离后，过斜井拱架拱顶的点与正洞拱架相切。正洞拱架从相切点用直拱架与斜井拱架相连。

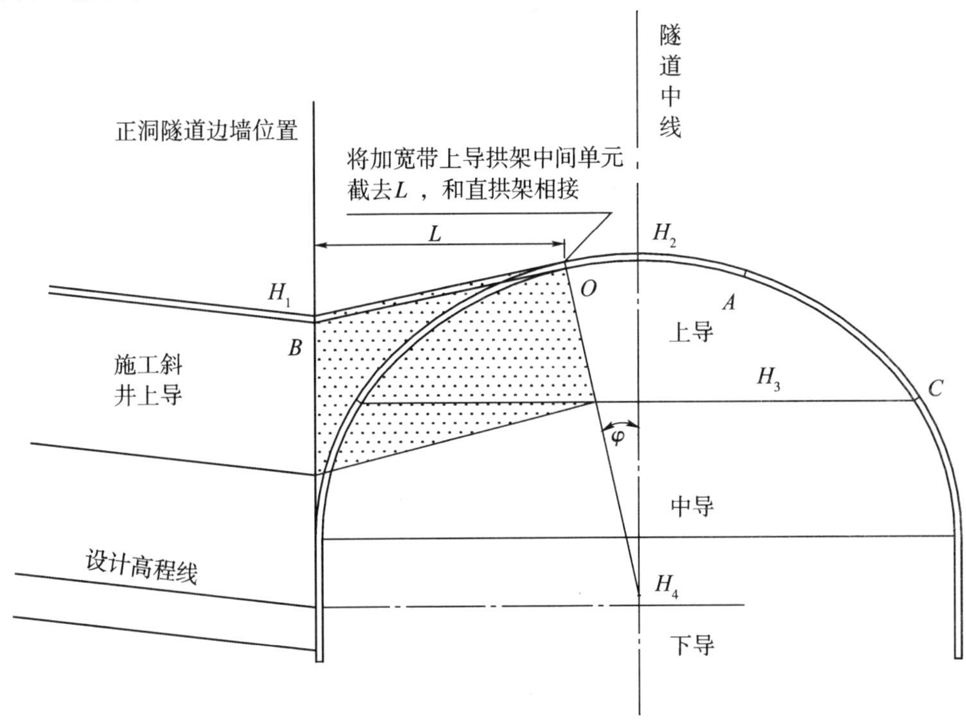

图14-1　斜井与正洞交叉口挑顶工序示意图

2　支护

过渡坑道支护参数须结合现场地质条件确。对于Ⅳ级围岩，超前支护可采用超前小导管注水泥水玻璃浆液。初期支护可采用门形钢架，砂浆锚杆、钢筋网（仅顶部铺设）、喷射钢纤维混凝土（拱部喷满，边墙喷成“排骨”形式）。架立钢架时，矩形钢架的拱部内缘高程应高于直拱架的外缘高程不小于5cm，每一个开挖循环都须用长钻杆钻眼，探明掌子面前方地下水情况，以便采取相应措施。过渡坑道施工的同时，斜井下导要同步施工。坑道施工至图14-1所示 O 点时，斜井下导应施工完毕。

3　正洞上台阶施工

过渡坑道开挖至 O 点后，坑道断面已经全部进入正洞断面，继续采用矩形断面（坑道坡度不变）向前掘进，支护仍采用过渡坑道支护形式。当施工至图14-1中所示 A 点后，开始架立正洞拱架中间单元和直拱架部分，与斜井拱架搭接。在 A 点下方设置门形钢架，支撑正洞拱架。

4　直拱架与斜井拱架的搭接

当过渡坑道施工至图14-1所示A点后，在斜井与正洞边墙交界部位并排架立两榀斜井钢架，其拱顶设纵向工字钢托梁（图14-2），托梁与施工斜井钢架间隙根据正洞初期支护钢架间距对应设置工字钢立柱，焊接牢固，喷射混凝土回填密实。正洞直拱架座于立柱上方相应的托梁位置，焊接牢固，并在直拱架两侧打设径向锚杆。

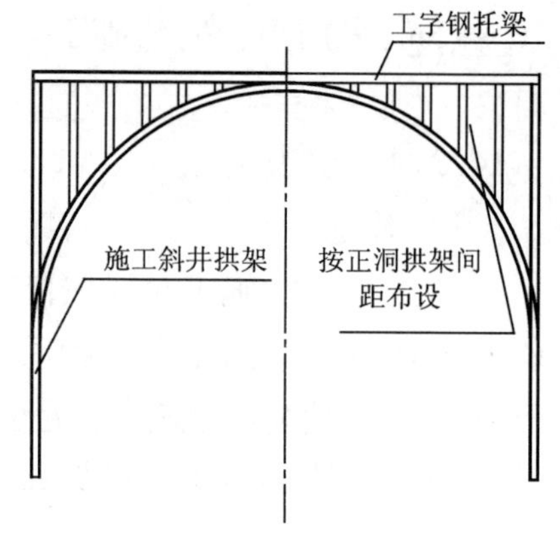

图14-2　工字钢托梁示意图

5　正洞工作面的开辟

正洞上台阶断面形成后，拆除门形钢架的直腿部分，向大、小里程方向间隔循环施工。跨过斜井断面一定距离后，从斜井向正洞开辟中台阶工作面，开始中台阶施工。中台阶达到一定距离时，开始正洞下台阶施工。下台阶施工一定长度立即进行仰拱施工，以及时封闭支护体系。具体进尺应根据现场情况由专家论证方案后执行。

14.4　竖井

14.4.1　竖井宜采用自上往下单行作业法施工。当正洞掘进已超前竖井位置时，亦可采用自下往上的施工方法。根据施工情况，也可两种方法结合使用。

14.4.2　井口的锁口圈应符合下列规定：

1　锁口圈应采用钢筋混凝土结构。

2　锁口圈应高出地面至少0.25m或浇筑环形挡墙，并做好井口场地排水设施。

3　锁口圈应和下部井颈、井壁连成整体，当其作为井架基础时，应与井架结构连成整体。

4　井口的锁口圈应在井身掘进前完成，并配备井盖。

5　在升降人员或物料时，井盖方可开启。

14.4.3　竖井自上往下单行作业法施工应符合下列要求：

1　应采用分段作业，完成一段后再进行下一段作业。各段内的工序为顺序作业。

2　各段内应按竖井外径进行钻眼爆破、通风和抽水。

3　视地质条件进行施工支护。

4　提升出渣，灌注井壁混凝土衬砌。

5　随着开挖浓度的增加，井筒内应加强通风或补充氧气。

14.4.4　竖井开挖应符合下列要求：

1　开挖宜用直眼掏槽，炮眼深度要一致。当岩层倾斜较大且裂隙明显时，可用楔形或其他形式掏槽；有地下水时，应采用立式梯台超前掏槽法。

2　钻眼前应先清除开挖面的石渣并排除积水。每钻完一孔眼后，应将眼口临时堵塞。

3　每次爆破后应检查断面，不宜欠挖。每掘进5～10m应核对中线，及时纠正偏斜。

14.4.5　竖井装渣宜用抓岩机。爆破的石渣宜大小均匀，以提高出渣效率。当竖井深度小于40m时，出渣也可采用三角架或龙门架作井架，但出渣时应有稳绳装置和其他保证安全的措施。

14.4.6　竖井采用锚喷支护时，每次支护高度视围岩稳定程度而定。当竖井采用构件支撑时，支撑架设应符合下列要求：

1　预制井圈构件按水平位置架设，其与岩壁间用木板和劈柴塞紧。井圈构件间距根据地质情况决定，一般为1m。各部构件应支稳连牢，形成整体，不得松动。

2　支撑架设不得侵入竖井有效断面；井圈中心与竖井中线应基本吻合。

14.4.7　井口段、马头门及地质较差的井身地段，当采用混凝土衬砌时，应按需要设置壁座或安设锚杆。

14.4.8　竖井运输应遵守下列规定：

1　井口的锁口圈应配置井盖。只有在升降人员、物料时，井盖才可开启。

2　井口周围应设置安全栅栏和安全门，安全栅栏高度不应小于60cm。通向井口的轨道中心应设阻车器。

3　井口、井底、绞车房和工作吊盘间均应有联络信号，并有专人负责。必要时应装设直通电话。

4　提升机械不得超负荷运行，并应有深度指示器和防止过卷、过速等保护装置以及限速器和松绳信号等。

5　工作吊盘的载重量不应超过吊盘的设计载重能力。

6　提升吊桶所用钩头连接装置应牢靠，不得自动脱钩，并应有缓转器。罐笼的提升应设置可靠的防坠器。

7　提升用的钢丝绳和各种悬挂使用的钩、链、环、螺栓等连接装置，应按规定的安全系数确定规格，使用前应进行拉力试验，合格后才可使用。在使用中应有定期检查、修理和更换制度。